V 818

6227

COLLECTION,

OV

RECVEIL DE DIVERS

TRAICTEZ MATHEMATIQVES.

A ſçauoir ;

D'ARITHMETIQVE, D'ALGEBRE, DE LA
ſolution de diuers Problemes & queſtions, tant
Geometriques, qu'Aſtronomiques.

*Comme auſſi de pluſieurs moyens pour meſurer toutes ſortes de
quantitez, ſoient lignes, ſuperficies & corps.*

Item, de la Sphere du monde, auec l'vſage & pratique, tant de l'A-
ſtrolabe, du Quarré Geometrique, & des Globes, que du
Compas de proportion : Et encore de la conſtruction
des fortifications pratiquées aux pays bas.

Par D. HENRION, *Profeſſeur és Mathematiques.*

A PARIS,

Imprimé par Fleury Bourriquant, demeurant en l'Iſle du Palais.

M. DC. XXI.

AVEC PRIVILEGE DV ROY.

(1)

A
MONSIEVR
FRERE DV ROY.

MONSEIGNEVR,

Sçachant qu'entre plusieurs loüables exercices dont vous cultiuez vostre bel esprit en
ce Printemps de vostre âge, vous ne mettez
au dernier rang les sciences Mathematiques;
l'ay pris la hardiesse de soubs mettre aux pieds de vostre grandeur ces miens exercices en icelles disciplines: Ils contiennent non
seulement ce qu'il y a de plus beau & vtile en l'Arithmetique,
Geometrie, & Astronomie, mais aussi tout ce qui en est necessaire pour bien dresser des bataillons, disposer les camps d'ar-
mées; mesurer toutes distances, hauteurs, & profondeurs; sçauoir la capacité de quelque place que ce soit, & en prendre le
plan; faire cartes & descriptions de Prouinces; construire &
desseigner les forteresses, & vne infinité d'autres belles operations, dont la cognoissance n'est moins vtile durant la guer-
re, que profitable en temps de paix. Ie vous offre donc, Mon-
seigneur, ces fruicts primerains de mon labeur, que ie n'entend
seruir, sinon d'auant-coureurs aux autres plus meurs & agrea-
bles, lesquels vous pourront estre presentez par ceux qui en ont
mieux le pouuoir que celuy qui ne manque de vouloir, ains

tandis qu'il reſpire ne viſe à autre but qu'à rendre ſeruice à la Nobleſſe, laquelle vous a voüé le ſien, deſireuſe de vous imiter auec autant de courage & d'affection, comme ie ſouhaitte vous pouuoir teſmoigner le tres-humble ſeruice deub à vos merites, & à la grandeur du ſang Royal, auquel comme en perpetuelle holocauſte ſe conſacre,

MONSEIGNEVR,

Voſtre tres-humble & tres-obeïſſant ſeruiteur,

D. HENRION.

SOMMAIRE DE
LA PRATIQVE
DES NOMBRES, OV
ARITHMETIQVE
VVLGAIRE.

Definition d'Arithmetique, & quantité des figures d'icelle.

CHAPITRE I.

RITHMETIQVE, est la science des nombres; & nombre, selon Euclide est vne multitude composée de plusieurs vnitez: ou bien nous disons que c'est cela par lequel la quantité de chacune chose est exprimée & nombrée: & tout nombre se peut representer par les dix figures & nottes suiuantes, 1.2.3.4.5.6.7.8.9.0. dont la premiere vers senestre, vaut vn; la deuxiesme, deux; la troisiesme, trois; & ainsi continuant iusques au penultiesme caractere, qui vaut neuf, seront les autres figures reciproquement entenduës: Et combien que la dixiesme & derniere figure soit appellée nulle, ou zero, pource qu'estant seule, elle ne signifie aucune chose: si est-ce toutes-fois qu'icelle estant posée parmy les autres figures, ou bien adiointe au costé dextre de quelconque d'icelle, elle augmente la signification de ce caractere auec lequel elle sera ioincte de dix fois la valeur, comme il apparoistra cy apres.

De la numeration des nombres entiers.

CHAPITRE. II.

NOmbrer, est exprimer la valeur & quantité de quelconque nombre proposé; & pour ce faire est à noter que la valeur des

A

figures commence au cofté dextre, tirant à feneftre: & que la muta-
tion & changement des lieux, foit en afcendant, ou en retrogradãt,
fait augmenter, ou diminuer la valeur des caracteres differemment
erigez. Car au premier lieu vers dextre, chafque figure fignifie fon
nombre fimplement; c'eft à dire que 1, y vaut feulement vn; 2, deux;
3, trois, & ainfi des autres caracteres: Mais au deuxiefme lieu ce font
dixaines, c'eft à dire que chafque caractere y vaut dix fois autant
qu'il vaut d'vnitez; ainfi 1, y vaudra dix; 2, vingt; 3, trente; & ainfi
des autres figures: dont s'enfuit que fi on pofe o auec le premier
caractere 1, en cefte forte 10, fera faict dix; fi auec 2, ainfi 20, fera
faict vingt; & auec 3, ainfi 30, fera reprefenté trente, &c. Mais fi
on adjoinct 1 au cofté dextre du premier caractere 1, en cefte forte
11, fera fait vnze; fi 2, comme icy 12, fera figuré 12, & procedant ainfi
iufques à 9, fera fait dixneuf: que fi à 2, on adjoint 1 vers dextre, en
cefte forte 21, fera fait vingt-vn; fi 2, ainfi 22, fera figuré vingt-deux;
fi 3, ainfi 23, fera fait vingt-trois; & procedant ainfi de figure en figure, on pourra defcrire, & exprimer quelque nombre que ce foit
moindre que cent, ainfi qu'il appert en la tablette fuiuante.

		dix	vingt	trente	quarante	cinquante	foixante	feprante	huictante	nonante
zero	0.	10.	20.	30.	40.	50.	60.	70.	80.	90.
vn	1.	11.	21.	31.	41.	51.	61.	71.	81.	91.
deux	2.	12.	22.	32.	42.	52.	62.	72.	82.	92.
trois	3.	13.	23.	33.	43.	53.	63.	73.	83.	93.
quatre	4.	14.	24.	34.	44.	54.	64.	74.	84.	94.
cinq	5.	15.	25.	35.	45.	55.	65.	75.	85.	95.
fix	6.	16.	26.	36.	46.	56.	66.	76.	86.	96.
fept	7.	17.	27.	37.	47.	57.	67.	77.	87.	97.
huict	8.	18.	28.	38.	48.	58.	68.	78.	88.	98.
neuf	9.	19.	29.	39.	49.	59.	69.	79.	89.	99.

Que fi vn nombre eft compofé de plus de deux figures, celle du
troifiefme lieu font centaines, c'eft à dire que chacune figure y vaut
cent fois foy-mefme, c'eft à dire cent fois autant comme elle vaut
d'vnitez au premier lieu, ou bien dix fois autãt qu'elle vaut de dixai-

nes au ſecõd lieu: & ces trois caracteres ſont appellez premier membre, ou ternaire : pareillement auſſi les autres figures differemment
erigées ſeront nommées en leur ordre & valeur;c'eſt aſſauoir qu'a-
pres le lieu des cents , s'entreſuiuent les nombres, dixaines, & centaines de mille : & ces trois figures ſont appellées ternaire ſecond,&
les trois ſuiuantes ternaire troiſieſme, qui ſeront nombres,dixaines,
& centaines de millions : & continuant ainſi de trois en trois figures, nous pourrons facilement exprimer la valeur de tout nombre
propoſé , conſiderant bien l'ordre des mots & vocables propres à
exprimer chaſquefigure,ſelõ le lieu de ſa poſition, ainſi qu'il appert
en la table ſuiuante, laquelle on peut appeller *Eſchelle de numeration.*

PRATIQVE

Il appert donc par ceſte table, ou eſchelle de numeration, que
pour facilement nombrer & exprimer quelque grand nombre propoſé, il le faut reduire en membres, ou ternaires, le diſtinguant de
trois en trois figures par poinɛts, ou petites lignes, allant de dextre
vers feneſtre, puis en nombrant chaſque membre ſeparément en
commençant au dernier, ſoit pronõcé de ſuitte, & ſans intermiſſion
la valeur d'vn chacun, obſeruant d'adjoindre touſiours à la fin de la
prononciation de la quantité d'vn chacun d'iceux membres la denomination correſpondante; & ainſi on exprimera la valeur &
quantité de tout le nombre propoſé. Pour exemple, eſtant propoſé
à exprimer la valeur & quantité de ce nombre 345678925, nous le
diſtinguerons de trois en trois figures par poinɛts, commençant à
dextre, & par ce moyẽ iceluy nombre 345.678.925 ſera diuiſé en trois
ternaires, deſquels le premier vaut ſoy meſme, le ſecond mille, & le
troiſieſme millions, ſuiuant la ſuſdite eſchelle de numeration; & ex-
pliquant iceux membres, nous dirons que le dernier, ſçauoir 345,
vaut *trois cens quarante-cinq millions*, (car nous auons dit que la denomination du troiſieſme membre eſt million.) Mais le ſecond membre 678, vaudra *ſix cens ſeptante huiɛt milles*, (car la denomination
d'iceluy ſecond membre eſt mille:) & le premier membre 925, ne
vaut que ſoy-meſme, ſçauoir *neuf cens vingt-cinq*: & prononçant
toutes ces enonciatiõs de ſuitte, nous dirons que tout ledit nombre
propoſé vaut trois cens quarante-cinq millions, ſix cens ſeptante-
huiɛt milles, neuf cens vingt-cinq. Soit encore propoſé à nombrer
& exprimer la valeur & quantité de ce nombre 10789230456375492.
Nous le diſtinguerons donc de trois figures en trois figures par
poinɛts, en commençant à dextre: & ſe voit qu'en iceluy nombre
10.789.230.456.375.492 ſont ſix membres, chacun de trois caraɛte-
res, excepté le ſixieſme où il y en a ſeulement deux. Et puiſque par
la ſuſdite table le premier membre vaut ſoy-meſme, le deuxieſme
mille, le troiſieſme millions, le quatrieſme mille millions, le cinquieſme millions de millions, & le ſixieſme mille millions de millions; exprimant iceluy nombre propoſé, nous diſons que ſa valeur
eſt dix milles millions de millions, ſept cens oɛtante neuf millions
de millions, deux cens trente mille millions, quatre cens cinquante
ſix millions, trois cens ſeptante cinq milles, quatre cens nonante
deux. En la meſme maniere, & auec la meſme faci!ité, ſeront expli-

quez tous autres nombres, quelques grands qu'ils foient, obferuant que de deux en deux membres la denomination s'augmente de million, c'eft à dire qu'il faut toufiours mettre à la denomination vne fois *de millions* dauantage qu'il n'y auoit.

De l'Addition des nombres entiers.

CHAPITRE III.

L'ADDITION, eft vne collection & amas de deux ou plufieurs nombres enfemble ; ainfi 9 eft l'addition de ces deux nombres 5 & 4, pource qu'iceux eftans ioints & amaffez enfemble, font ledit nombre 9 : tellement que faire addition de deux, ou de plufieurs nombres, n'eft autre chofe que trouuer vn autre nombre qui leur foit égal : & iceluy s'appelle fomme des nombres propofez à adjoufter. Or pour pratiquer cefte reigle, il faut difpofer & efcrire les nombres ou fommes propofées les vnes foubs les autres : tellement que la premiere figure de l'vne foit fouz la premiere figure de l'autre, la feconde fouz la feconde, la troifiefme fous la troifiefme, & ainfi confequemment des autres chacune en fon rang : puis ayant tiré vne ligne droicte au deffouz, foient adjouftées enfemble toutes les figures d'vn chacun rang, en commençant au premier à main dextre ; & ce qui viendra de l'addition de chafque rang foit pofé vis à vis au deffouz de la ligne, fi ce prouenu eft d'vne fimple figure. Pour exemple, foit propofé à faire addition de ces deux nombres 425 & 342 : Ie difpofe donc iceux l'vn au deffouz de l'autre, comme il appert icy : & ayant tiré vne ligne au deffouz, i'affemble les figures du premier rang vers dextre, fçauoir 2 & 5, font 7, que i'efcris au deffouz de la ligne, & vis à vis des deux nombres que i'ay adjouftez : apres

$$\begin{array}{r} 4\ 2\ 5 \\ 3\ 4\ 2 \\ \hline 7\ 6\ 7 \end{array}$$

i'adjoufte 4 & 2 du fecond rang & font 6, que ie pofe deffouz la ligne, directement deffouz les deux nombres que i'ay adjouftez : tiercemët i'affemble 3 & 4 du troifiefme rang, & font 7, que i'efcris deffouz ma ligne, vis à vis des mefmes nombres que i'ay adjouftez ; & s'il y auoit dauantage de figures, l'operation ne feroit diffemblable.

Que si l'addition d'vn rang est dixaine, comme 10, 20, 30, 50, &c. il faut poser vn zero soubs la ligne, & retenir en memoire autant d'vnitez qu'il y aura de dixaines, pour les adiouster au rang suyuant. Comme pour exemple, vn maistre de Camp ayant vn bataillon de trois regimens, dont le premier contient 3157 hommes, le deuxiesme 2325, & l'autre 1518 : & voulant sçauoir combien il y a d'hommes en tout le bataillon, ie dispose les nombres des trois regimens, comme il appert icy : & apres auoir tiré la ligne au dessouz, & fait comme dessus, ie trouue 20 pour l'addition du premier rang : parquoy ie mets o soubs la ligne à l'endroict dudit premier rang, & retiens deux dixaines, que i'adiouste au deuxiesme rang; & l'addition d'iceluy est 10; & partant ie pose au dessoubs de la ligne vn o, & retient vne vnité que i'adiouste au troisiesme rang : & l'addition d'iceluy est encores 10. Ie pose donc encores vn o au dessoubs de la ligne, & retient 1, que i'adiouste au quatriesme rang, & l'addition d'iceluy est 7, que ie pose au dessoubs de la ligne ; & partant toute l'addition est 7000 : & autant y a d'hommes au Camp proposé.

$$
\begin{array}{r}
3157 \\
2325 \\
1518 \\
\hline
7000
\end{array}
$$

Mais quand l'addition de quelque rang surpasse dixaine, il faut escrire ce qui est outre les dixaines soubs la ligne à l'endroict dudit rang, & retenir les dixaines en memoire, ainsi qu'il a esté dict cy dessus, afin de les adiouster au rang suiuant, le tout comme il appert à l'exemple suyuant.

Le Roy ayant vn camp de quatre sortes de nations, sçauoir

$$
\left\{
\begin{array}{l}
9450 \text{ François,} \\
7845 \text{ Suisses,} \\
5326 \text{ Allemans,} \\
3574 \text{ Anglois,}
\end{array}
\right.
$$

L'on demande combien il y a d'hommes en tout le Camp. Resp. 26195 hommes.

Ayant disposé les nombres les vns au dessoubs des autres, comme dict est cy deuant, i'adiouste les figures du premier rang, & trouue que le nombre d'icelles est 15, ie pose 5, qui est par dessus la dixaine, au dessoubs de la ligne, & retient 1, que i'adiouste au second rang, & l'addition d'iceluy donne 19, & partant ie pose 9 au dessoubs de la ligne, & retient 1, que i'adiouste auec les figures du troisiesme rang, & viennent 21, qui sont 2 dixaines & 1 vnité : Ie pose donc 1 au dessoubs de la ligne, & retient 2 pour adiouster au quatriesme rang, & l'addition d'iceluy donne 26 : ie pose donc 6 au dessoubs de la ligne : & d'autant qu'il n'y a plus de rang, ie pose aussi soubs ladite ligne les 2 dixaines, en aduançant vers senestre, & partant toute l'addition sera 26195 : & autant y aura d'hommes en tout le Camp.

Soit encore proposé à adiouster ensemble les douze sommes cy dessouz posées. Ayãs dõc tiré vne ligne droicte au dessoubs d'iceux nombres, i'adiouste ensemble les figures du premier rang de la main dextre, & trouue que la somme d'icelles est 65; c'est pourquoy ie pose les 5, qui sont outre les dixaines, au dessoubs de la ligne, & retient les 6 dixaines, que i'adiouste auec les figures du second rang, l'aggregé desquelles ie trouue estre 85; & partant ie pose 5 au dessoubs de la ligne, & adiouste les 8 dixaines auec les figures du troisiesme rang, & viennent 61; c'est pourquoy ie pose 1 au dessoubs de la ligne, & adiouste les 6 dixaines auec les figures du rang suyuant, qui font ensemble 64 : Parquoy i'escris 4 dessoubs la ligne, & adiouste les 6 di-

237897
782389
345072
53497
97205
794
9457
896
5421
7892
94578
859057
2494155

xaines auec les nombres ou figures de l'ordre suiuant, qui font ensemble 49 : ie pose donc 9 soubs la ligne, & adiouste les 4 dixaines auec les figures du rang suiuant, & trouue qu'elles font ensemble 24, lesquels ie pose souz la ligne, puis qu'il n'y a plus rien à adiouster : Ie dis donc maintenant que la somme & addition de tous les nombres proposez sera 2494155.

S'il aduenoit que la multitude des sommes à adiouster fust fort grande, il seroit incommode de les adiouster toutes à vne seule fois; c'est pourquoy ie voudrois despartir icelles sommes proposées en deux, ou d'aduantage d'operations, & puis adiouster ensemble ce qui viendroit de chaque addition particuliere; car ceste derniere somme seroit la mesme que si on ne faisoit qu'vne seule addition, comme il appert en l'exemple suiuãt, où estant proposé à adiouster

enſemble vingt-quatre ſommes, pour faire l'operation plus com-
modément, ie diſtribue
icelles ſommes en trois
membres par les lignes
A, B, C: puis i'adiouſte
les ſommes de chacun
d'iceux nombres, & poſe
la ſomme prouenante de
chaſque addition à coſté
deſdites lignes A, B, C:
Ce fait i'adiouſte enſem-
ble icelles trois ſommes
ou produicts particuliers
A, B, C, & viennent
563485 pour la ſomme
& addition deſdits trois
produicts; & partant la
ſomme totale des vingt-
quatre nombres propo-
ſez à adiouſter enſemble,
ſera auſſi 563485.

```
        7892
        4578
         234
       97025
        9546
       75797
        8954
       10235 ──── A    214261
        4923
        5789
       70923
       25789
       47925
        9201
        2345
        8023
       ─────── B    174918
       45678
       92345
       10900
        2456
        7892
        6789
        2457
        5789
       ─────── C    174306
```

Somme totale   563485.

La preuue de l'Addition.

OR apres auoir ainſi que deſſus adiouſté pluſieurs nombres
enſemble, il eſt bien neceſſaire de cognoiſtre ſi on aura bien
faict : ce que nous ferons ainſi. Nous adiouſterōs toutes les figures
des nombres propoſez, laiſſant touſiours 9, quand le nombre de
l'addition

l'addition le furmonte, & ce qui fera trouué moindre que 9 à la fin
de l'addition, nous le poferons à part, puis nous adioufterons pareillement toutes les figures de la fomme de l'addition, laiffant auffi
9 toutes-fois & quantes que le nombre de l'addition fera ou fur-
paffera 9. Et fi ayant acheué il refte vne telle figure que celle mife à part, nous aurons bien faict, autrement non: Comme pour
exemple, ayant adioufté enfemble ces
quatre fommes, & trouué que leur
addition donne 7250 ; pour examiner
fi l'operation eft bien faicte, i'ofte des
quatre nombres propofez autant de
fois 9 que fe peut, & trouue qu'il refte
encore 5, que ie pofe au bout d'vne petite ligne comme P : ce faict i'ofte auffi
tous les 9 de la fomme prouenue de

```
        4923
         578
       1 257
         492
        ─────
        7250.
```

$$5 \underline{\quad} 5$$
$$P.$$

l'addition, & refte encore 5, que ie pofe pareillement au bout de la
ligne P : & puis que ces deux nombres reftans font égaux, l'addition
a efté bien faicte : & cefte preuue doit fuffire à ceux qui apprennēt,
& lefquels ne fçauent encores faire la fouftraction. Car alors
il faudroit (pluftoft que de s'ayder de cefte preuue de 9.) ofter toutes les fommes propofées les vnes apres les autres de la fomme qui
les contient: & apres les fouftractions faictes, il ne reftera rien en
la fomme de l'addition, fi elle eft bien faicte. Nous ferons encores
ladite preuue plus briefvement, comme il s'enfuit: Ayant adioufté
les trois fommes cy deffoubs, & trouué que l'addition eft 1979;
voulant cognoiftre fi l'addition eft bien faicte, i'affemble les trois
figures du premier rang vers feneftre, & font 18, que ie fouftrais de
19, pofé au deffoubs de la ligne, vis à vis dudit premier rang, & refte
1, que ie pofe au deffoubs de 9, couppant d'vn
petit traict chafque figure de 19. Puis apres,
i'adioufte le fecond rang, & viennent 16, que
i'ofte de 17, & refte 1, que ie pofe au deffoubs de
7, apres auoir couppé 17: & finablement i'adioufte les figures du dernier rang, & font 19,
que i'ofte de 19; & d'autant qu'il ne refte rien,
l'addition a efté bien faicte.

```
        457
        973
        549
       ─────
       1979
        11
```

De la souftraction des nombres entiers.

CHAP. IIII.

SOVSTRACTION n'eſt autre choſe, qu'oſter vn petit nombre d'vn plus grand, afin d'auoir leur difference, ou reſte: Ainſi quelqu'vn ayant payé 7 liures ſur & tant moins de 12 liures qu'il doit, il ſçaura par la ſouſtraction, que pour eſtre quitte, il luy reſte encore 5 liures à payer: car le moindre nombre 7 eſtant oſté de 12, reſte ledit nombre 5, qui eſt la difference d'entre leſdits deux nombres 12 & 7. Or pour pratiquer ceſte reigle de ſouſtraction, il faut eſcrire la moindre ſomme (c'eſt à dire le nombre à ſouſtraire) ſoubs la plus grāde, (qui eſt le nombre duquel on doit faire la ſouſtraction) en la ſorte qu'il a eſté dit de l'addition, puis oſter le premier caractere inferieur du coſté dextre du ſuperieur, & eſcrire le reſte ſoubs la ligne à l'endroict de ce premier rang : puis venir au ſecond rang, & oſter la figure inferieure de la ſuperieure, & poſer le reſte ſoubs la ligne vis à vis dudit rang, & le ſemblable faudra-il faire de tous les autres rangs. Comme pour exemple, eſtant proposé à ſouſtraire 354 de 875, nous diſpoſerons ces deux nombres comme il appert icy; & ayant tiré vne ligne au deſſoubs, i'oſte 4 de 5, & reſte 1, que ie poſe au deſſoubs de la ligne, vis à vis du premier rang : puis venant au ſecond rang, i'oſte 5 de 7, & reſte 2, que ie mets auſſi au deſſoubs de la ligne : en apres ie viens au troiſieſme rang, & oſte 3 de 8, & reſte 5, que ie poſe pareillement au deſſoubs de la ligne; & partant ie dis qu'ayant oſté 354 de 875, reſtent encore 521.

$$\begin{array}{r} 875 \\ 354 \\ \hline 521. \end{array}$$

Mais lors que les deux figures d'vn meſme rang ſe rencontrent égales, il n'y a qu'à poſer o ſoubs la ligne vis à vis d'iceluy rang, au cas qu'il y ait encore quelque figure à poſer au delà : car autrement il ne faudroit rien poſer en ce lieu. Pour exemple, qu'il faille ſouſtraire 4523 de 4927 : ie diſpoſe donc ces deux ſommes l'vne au deſſoubs de l'autre,

$$\begin{array}{r} 4927 \\ 4523 \\ \hline 404 \end{array}$$

comme il se voit cy deuant; & ayât tiré vne ligne droicte au dessouz
d'icelles, i'oste 3 de 7, & reste 4, que ie pose au dessoubs de la ligne
vis à vis du premier rang: puis à cause qu'au second rang les deux
figures sont égales, l'vne & l'autre estant 2, elles n'ont aucune difference, c'est pourquoy ie pose o soubs la ligne: puis ie viens au rang
suiuant, & leue 5 de 9, & reste 4, que ie pose soubs la ligne: & à cause que les figures du rang suiuant sont égales, & qu'il n'y a plus rien
à poser au delà d'iceluy rang, ie ne pose aussi rien icy. Ie dis donc
qu'ayant osté 4527 de 49237, restent encores 404.

Que s'il aduient que quelque figure du nombre inferieur ne
puisse estre ostée de la figure du nombre superieur, nous prendrôs 1
de la figure d'apres vers senestre, qui vaudra dix, au regard de la figure que nous voulons soustraire, & adjousterôs ces 10 auec la figure
de laquelle nous n'aurons peu faire la soustraction, & de cette addition soustrairons ladite figure à soustraire, & poserons le reste au
dessouz de la ligne: Et afin que la chose soit plus manifeste, soit
donnée la somme de 9493, de laquelle il faut soustraire 4567.
Ayant disposé ces deux nombres comme il appert cy dessouz, ie
veux soustraire 7 de 3; mais d'autant que cela
ne se peut, ie prens 1 de 9, nombre superieur   9493
& prochain de 3, (lequel 9 est dixaine au re-   4567
gard de 3, comme il a esté dit cy deuant) &   ———
adjouste cet 1, c'est à dire 10 à 3, & sera 13, dont   4926
nous osterons 7, & resteront 6, que i'escris
dessouz la ligne, vis à vis du premier rang: Puis venant au second
rang, i'oste 6 de 8, (car le 9 superieur ne vaut plus que 8, d'autant
que nous en auons osté vn) & reste 2, que ie pose au dessouz de la
ligne: & venant au troisiesme rang, d'autant que ie ne peux oster 5
de 4, ie prens vn de la figure prochaine superieure, sçauoir est du 9,
qui est à senestre (qui est dixaine au regard de 4,) & partant iceluy
1, c'est à dire 10, estant adjousté à 4 font 14, desquels i'oste 5, & restẽt
9, que ie pose au dessouz de la ligne: & finablement ie soustrais 4 de
8, (car le 9 ne vaut plus que 8, d'autant que i'ay emprunté 1 d'iceluy)
& restent 4, que ie pose au dessouz de la ligne; & partant ie trouue
que le reste de la soustraction est 4926.

Que s'il se rencontre des zero en l'vne ou l'autre des sommes
proposées, l'operation n'en sera pas beaucoup plus difficile, veu que

les zero de la fomme inferieure n'oftent rien de leur figure fuperieure correfpondante , & auffi que chaque zero de ladite fomme
fuperieure vaut 9, lors que de la figure fignificatiue qui le precede,
on a emprunté fur celle qui le fuit : & pour ofter toute difficulté,
nous baillerons encore cefte exemple. Qu'il faille ofter 40 758 de
700502 ; Ayant donc difpofé ces deux nombres, comme appert cy
deffouz, ie veux ofter 8 de 2; mais cela ne fe pouuant faire, i'emprû-
te 1 de 5, figure fuperieure du troifiefme rang , lequel 1, vaut dix
dixaines au regard de 2 : & d'autant qu'vne dixaine me fuffit, i'en
laiffe 9 fur le o du fecond rang : c'eft à dire, qu'il faut imaginer qu'il
valle maintenant 9 dixaines, au regard de 2 : l'adioufte donc 10, & 2
font 12, dont i'ofte 8, & reftent 4, que ie pofe au deffouz de la ligne,
vis à vis du premier rang, puis ie viens
au fecond rang : & oftant 5 de 9 (car　　　　700502
o vaut 9 , comme il a efté dit) reftent　　　　 40758
4, que ie pofe au deffouz de la ligne, &　　　───────
vient au troifiefme rang pour ofter 7　　　　 659744
de 4, (car 5 ne vaut plus que 4, d'autât
que i'ay emprunté 1 d'iceluy) ; mais ne pouuant, i'emprunte 1 fur le
7 fuperieur du dernier rang, paffant par deffus les deux zero, lequel
1 vaut 100 dixaines au regard de 5, duquel il faut fouftraire 7 : &
d'autant qu'vne dixaine me fuffit, i'en laiffe 90 fur le zero prochain
du 7 fuperieur, & 9 fur l'autre : tellemêt que chaque zero doit main-
tenât eftre eftimé valoir 9, au regard de la figure d'au-deffouz de luy.
l'adioufte donc 10, & 4 font 14, dont i'ofte 7, & refte 7 que ie mets au
deffouz de la ligne : puis venant au quatriefme rang, i'ofte o de 9 ;
(car nous venons de dire que chacun des deux zero fuperieur vaut
9,) & reftent toufiours 9, que ie pofe au deffouz de la ligne : puis
ie viens au cinquiefme rang, & oftant 4 de 9 , reftent 5, que ie mets
auffi deffouz la ligne : & venant finalement au dernier rang, ie voy
qu'il n'y a rien à fouftraire, c'eft pourquoy refteroit toufiours la figure fuperieure, n'eftoit que i'ay emprunté 1 d'icelle, parquoy elle
ne vaut plus que 6, lefquels ie pofe au deffouz de la ligne : quoy faic̄t
ie trouue que le refte de la fouftraction eft 659744.

Eft icy à notter, que fi d'vn nombre propofé, il en falloit fouftraire plufieurs autres, il les faudroit premierement adioufter enfemble, & puis leuer la fomme prouenue de l'addition dudit nombre

propofé, comme dit eft cy deuant. Dauantage, s'il aduient que le
nombre duquel on veut fouftraire foit de plufieurs pieces, il les faudra premierement adjoufter en vne feule fomme, & puis proceder à
la fouftraction requife.

Preuue de la fouftraction.

Q Vant à la preuue de cefte regle, elle fe fait de plufieurs façons,
dont la plus commune eft, qu'il faut adjoufter la fomme à
fouftraire auec celle qui refte ; & le nombre qui prouiendra de l'addition, eftant efgal à celuy duquel on a fait la fouftraction, la regle
aura efté bien faicte : comme fi ayant fouftrait 135 de 192, reftent 57,
comme il appert icy.

Nombre duquel il faut fouftraire.	1 9 2
Nombre à fouftraire.	1 3 5
Nombre refté.	5 7
Somme compofée du nombre à fouftraire, & du refté.	1 9 2

Lefquels 57 reftez eftans adjouftez auec le nombre à fouftraire
135, font 192 ; & partant la regle eft bien faicte. Pour autrement
examiner la fouftraction, fouftrayez le nombre refté du nombre
dont il falloit fouftraire, & ce qui reftera eftant égal au nombre à
fouftraire, on aura bien faict ; comme
il appert derechef en cefte exemple,
où ayant fouftrait le nombre refté
57, du nombre dont il falloit fouftraire 192, reftent 135, égal au nombre
propofé à fouftraire : parquoy ie dis
que l'operation a efté bien faicte.
Nous dirons encore que fi on ofte les
9 tant que faire fe pourra, de la fomme à fouftraire, & du refté ; ce
qui reftera, lefdits 9 oftez, doit eftre égal au refte de la fomme de laquelle on a fait la fouftraction, les 9 auffi oftez : comme en l'exemple cy deffus, les 9 eftans oftez, tant de la fomme à fouftraire, que de

1 9 2
1 3 5
5 7
1 3 5

la reſtante, ſçauoir eſt de 135 & 57, reſtent 3 : mais les 9 eſtans auſſi oſtez de 192, reſtent pareillement 3, & partant la ſouſtraction eſt bien faicte.

De la multiplication des nombres entiers.

CHAPITRE V.

MVLTIPLIER n'eſt autre choſe, que trouuer vn nombre qui contienne autant de fois vn nombre propoſé qu'il y a d'vnitez en vn autre nombre propoſé, c'eſt à dire trouuer vn troiſieſme nombre à deux nombres donnez, lequel contienne autant de fois en ſoy l'vn des deux nombres donnez, qu'il y a d'vnitez en l'autre : comme ſi ie multiplois 7 par 5, ou 5 par 7, le produit ſeroit 35, & ce nombre 35 eſt le nombre trouué, lequel contient autant de fois l'vn des deux propoſez, comme il y a d'vnitez en l'autre : & par ainſi en ceſte operation ſont requis deux nombres pour l'inuētion du troiſieſme ; dont le premier s'appelle multiplicande, l'autre multiplicateur, & le troiſieſme qu'on cherche eſt appelié produit. Or d'autant que ceſte regle deſpend de la multiplication des nombres ſimples l'vn par l'autre, il eſt neceſſaire d'apprendre icelle auant que paſſer outre, & la retenir par cœur. Si donc vous voulez ſçauoir combien font 8, multipliez par 7, ou 9 par 5, &c. il faudra eſcrire vne figure ſouz l'autre, comme vous voyez cy deſſouz.

$$8 \, \times \, 2 \qquad 9 \, \times \, 1 \qquad 7 \, \times \, 3$$
$$7 \qquad 3 \qquad 5 \qquad 5 \qquad 6 \qquad 4$$
$$5 \quad 6 \qquad\qquad 4 \quad 5 \qquad\qquad 4 \quad 2$$

En apres mettez à coſté la difference de l'vne & de l'autre à 10, puis multipliez l'vne difference par l'autre, comme 2 fois 3 font 6, qu'il faut eſcrire au deſſouz d'icelles differences : finalement oſtez la difference de l'vne des figures de l'autre figure, comme 3 de 8, ou 2 de 7, & reſtent 5, qu'il faut eſcrire au deſſouz d'icelles figures, & par ainſi vous aurez 56 pour le produit de la multiplication de 8 par 7, & 45 pour celuy de 9 par 5 : mais voulant multiplier 7 par 6, ie poſe

iceux comme deſſus, & multiplie leur difference à 10, c'eſt à dire 4,
par 3, & viennent 12; mais ie poſe ſeulement 2, & retient en memoire 1 pour la dixaine: puis i'oſte la difference 3 de la figure 6 , & reſtent 3, auec lequel i'adjouſte 1 que i'ay retenu, & ſont 4 que ie poſe
ſouz la ligne, & par ainſi i'ay 42 pour le produit de 7 par 6. Or il eſt
à noter que ceſte maniere ne ſert lors que les deux figures enſemble
ne font plus de 10.

Au lieu de la maniere ſuſdite, pour multiplier les ſimples figures
l'vne par l'autre, on a accouſtumé ſe ſeruir de la table ſuiuante,
dont l'vſage eſt, qu'eſtans propoſées deux ſimples figures à multi-

1	2	3	4	5	6	7	8	9	10
2	4	6	8	10	12	14	16	18	20
3	6	9	12	15	18	21	24	27	30
4	8	12	16	20	24	28	32	36	40
5	10	15	20	25	30	35	40	45	50
6	12	18	24	30	36	42	48	54	60
7	14	21	28	35	42	49	56	63	70
8	16	24	32	40	48	56	64	72	80
9	18	27	36	45	54	63	72	81	90
10	20	30	40	50	60	70	80	90	100

plier, il faut trouuer l'vne d'icelles au front de la table, & l'autre au
coſté ſeneſtre : & au quadrangle commun à icelles deux figures, ſera monſtré le produit d'icelles multipliées l'vne par l'autre : Comme pour exemple, au quadrangle commun à 8 du front, & 7 du coſté, il y a 56 : tel eſt donc le produit de 8 multiplié par 7.

Or voilà le moyen de multiplier quelque nombre d'vne ſeule figure par vne autre : mais pour multiplier vn nombre de tant de figures qu'on voudra, par vn autre d'vne ſeule figure, il la faut poſer
ſouz la premiere figure vers dextre du multiplicande, ou nombre à
multiplier; & ayant tiré vne ligne droicte au deſſouz, multipliez par
icelle figure toutes celles du multiplicande les vnes apres les autres,
commençant à la premiere vers dextre; & ſi le produit eſt d'vne ſeu-

le figure, (c'eſt à dire moins de dix) poſez là ſouz la ligne à l'endroit
de la figure multipliée ; mais ſi ledit produit eſt de deux figures,
(c'eſt à dire qu'il contienne nombre & dixaine) poſez ſeulement
ſouz la ligne le nombre ſimple (qui eſt la dernire figure en la prononciation, mais le premier en la numeration), & retenez en memoire autant d'vnitez que l'autre figure vaut de dixaines, pour les
adiouſter enſemble au produit qui viendra en multipliant la figure
ſuiuante, comme nous monſtrerons en l'exemple cy deſſouz.

   Soit proposé à multiplier 5421 *par* 7 : le poſe donc le multiplicateur
7 ſouz la premiere figure du multiplicande ; & ayant tiré vne ligne

Multiplicande	5 4 2 1
Multiplicateur	7
Produit	3 7 9 4 7

droiĉte au deſſouz, ie multiplie premierement ladite premiere figure 2 par 7, diſant ſept fois 1 ſont 7, que ie poſe ſouz la ligne ; puis
ie viens à la deuxieſme figure 2, & dis ſept fois deux ſont 14, lequel
nombre eſt compoſé de deux figures ; c'eſt pourquoy ie poſe le premier 4 ſouz la ligne, & retient vne dixaine en memoire : puis apres
ie viens à la troiſieſme figure 4, & dis 7 fois 4, ſont 28, & vn que i'ay
retenu en memoire ſont 29 : ie poſe donc 9 ſouz la ligne, & retient
2 en memoire à cauſe des vingt ; & venant à la derniere figure 5, ie
dis 7 fois 5 ſont 35, & puis 2 que i'auois retenu ſont 37, que ie poſe
ſouz la ligne, à cauſe qu'il n'y a plus aucune figure à multiplier, car
autrement il faudroit ſeulement poſer 7, & retenir 3 pour les adiouſter au produit de la figure ſuiuante. Ie dis donc que le produit de
la multiplication de 5421 par 7, eſt 37947.

   Maintenant il ſera aiſé de multiplier quelconque nombre par vn
autre quel qu'il ſoit : & pour ce faire il faut poſer les nombres propoſez l'vn au deſſouz de l'autre, comme il a eſté dit en l'addition :
puis ayant tiré vne ligne au deſſouz d'iceux, nous multiplierõs tout
le multiplicande par la premiere figure du coſté dextre du multiplicateur : & ce, figure apres figure, poſant à chaſque fois le produiĉt
au deſſouz de la ligne, vis à vis de la figure multipliée, obſeruant que
lors qu'iceluy produit eſt plus de 9, qu'il faut poſer le nombre ſimple, & retenir en memoire autant d'vnitez qu'il y aura de dixaines,
                                                           leſquelles

lefquelles vnitez il faudra adjoufter au produict de la figure fuiuante, ainfi que nous auons ia dit & monftré en l'exemple cy-deffus: En
apres nous multiplierons derechef ledit nombre multiplicande par
la deuxiefme figure du multiplicateur, & poferons le produict au
deffouz du precedent, commençant vis à vis de la feconde figure, &
ainfi confequemment des autres figures du nombre multiplicateur:
Quoy faict foient adjouftez enfemble tous ces produits prouenus
du multiplicande multiplié par chafque figure du multiplicateur;
& viendra le produit de la multiplication requife; ce que nous rendrons manifefte par l'exemple fuiuant.

Eftant propofé à multiplier 342 *par* 243, ie pofe iceux nombres l'vn
au deffouz de l'autre: & ayant tiré vne ligne au deffouz, ie multiplie
2 par 3, & font 6, que ie pofe au deffouz
de la ligne, vis à vis de 3 multipliant:
puis ie dis 3 fois 4 font 12: Ie pofe le 2
au deffouz de la ligne, & retient vne
dixaine en memoire; & dis 3 fois 3 font
9, aufquels i'adjoufte 1, retenu en memoire, & font 10, que ie pofe au deffouz de la ligne, à caufe que c'eft le
produict de la derniere figure, car autrement il faudroit pofer o, & retenir

$$\begin{array}{r} 342 \\ 243 \\ \hline 1026 \\ 1368 \\ 684 \\ \hline 83106 \end{array}$$

1 en memoire pour l'adioufter au produit de la figure fuiuante. Ce
faict ie viens à la feconde figure du multiplicateur, & dis 4 fois 2 font
8, que ie pofe au deffouz du precedent produict, vis à vis de 4 multipliant, & pourfuit comme deffus iufques à la derniere figure; puis
ie recommēce à multiplier par 2, 3e figure du multiplicateur, & viennent 4, que ie pofe au deffouz des deux precedens produits, vis à
vis d'iceluy 2 multipliant, & pourfuit iufques à la fin: ce fait i'adioufte les trois produits, & viennent 83106 pour le produit de 342, mul-
tipliés par 243.

l'adioufteray encores vne exemple: *Vn bataillon contenant* 302
*hommes de front, & 207 de flanc, on demande combien il y a d'hommes en
tout le bataillon.* Ayant difpofé les deux nombres, comme il appert
cy apres, & tiré vne ligne, ie multiplie 2 par 7, & font 14: le pofe
4 au deffouz de la ligne, vis à vis de 7, & garde 1 en memoire; puis ie
multiplie o par 7, & font toufiours o: le pofe donc feulement 1 que

i'ay gardé, puis ie multiplie 3 par 7, & font 21, que ie pofe au deſſouz
de la ligne: & d'autant que la deuxieſ-
me figure du multiplicateur, ou nombre inferieur eſt 0, ie paſſe iceluy, &
multiplie par le 2, 3ᵉ figure, & vient 4,
que ie pofe vis à vis dudit multiplicateur 2: & ayant acheué de multiplier
toutes les autres figures, i'adiouſte les
deux produicts, & viennent 62514, &
autāt y a d'hommes au bataillon propoſé.

```
            302      o
            207    5 + o
          ------     o
           2114
          604
          ------
          62514
```

Eſt icy à notter que ſi nous voulons multiplier par 10, il faut ſeulement adiouſter vn o à la fin du nombre à multiplier ; comme eſtāt
propoſé à multiplier 25 par 10, le produit ſera 250. Si nous voulons
multiplier par 100, il faut adiouſter deux o ; ſi par 1000, trois o, &
ainſi conſequemment.

Mais pour multiplier par 20, nous multiplierons ſeulement par
2, & adiouſterons vn o au produit ; & par 400, nous multiplierons
par 4, & adiouſterons deux o au produict : Bref eſtant propoſé vn
nombre à multiplier par vn autre nombre, à la fin duquel ſoiēt pluſieurs o, nous multiplierons par les nombres qui precedent les o, &
adiouſterons au produit tous ces o.

Preuue de la multiplication.

Quant à la preuue de ceſte operation, elle eſt faicte par la diuiſion, operation ſuiuante: & neantmoins l'apprentif n'ayant encores
l'intelligence d'icelle, pourra faire ainſi: Premierement qu'il reiette tous les 9 du nombre multiplié, ainſi qu'il a eſté dit en l'addition ;
& ayant faict vne croix, qu'il poſe le reſte à l'extremité de l'vne des
lignes d'icelle croix : qu'il oſte puis apres auſſi tous les 9 du nombre
multipliant, & poſe le reſte à l'autre extremité de la ligne ; en apres
qu'il multiplie ces deux reſtes ainſi poſez l'vn par l'autre ; & du produict qu'il en oſte les 9, & mette le reſte à l'vne des extremitez de
l'autre ligne de la croix : En apres qu'il oſte ſemblablement les 9 de
tout le produit de la multiplication: & ſi le reſte eſt tel que celuy
dernier mis à la croix, la multiplication eſt bien faicte: Comme pour
exemple, *Nous auons trouué cy deſſus, que* 302 *multipliez par* 207, *don-*
nent 62514 : & pour preuue de ce, i'aſſemble les figures du nombre

multiplié, & viennent 5, que ie pofe à l'extremité de l'vne des lignes
d'vne croix, puis i'adioufte les figures du nombre multipliant, &
font 9 que ie laiffe, & pofe o à l'autre extremité de la ligne où i'ay
pofé 5 : Ce faict, ie dis 5 fois o, eft o, que ie pofe au haut de la
croix : puis ie viens au produit, duquel ayant ofté tous les 9, ne me
refte rien : & partant ie dis que la multiplication eft bien faicte.

De la diuifion des nombres entiers.

CHAPITRE VI.

DIVISER, eft chercher combien de fois vn nombre eft contenu en vn autre : ou bien c'eft trouuer vn nombre qui contienne autant de fois l'vnité, qu'vn nombre donné en contient de
fois vn autre propofé : ainfi voulant diuifer 24 par 6, ce n'eft autre
chofe que chercher vn troifiefme nombre, qui contienne autant de fois l'vnité, que le premier 24 contient de fois le fecond 6; &
iceluy nombre cherché fera 4 : car comme 4 contient quatre vnitez, auffi 24 contient quatre fois 6. Il appert donc qu'en cefte operation, comme aux precedentes, font premierement requis deux
nombres, pour en trouuer vn 3e; le premier eft le nombre à partir,
qu'on appelle diuidande ; le fecond eft celuy par lequel on diuife, &
s'appelle diuifeur, ou partiteur ; & le 3e qu'on cherche fe nomme
quotient, ou combien. Or pour prattiquer cefte regle, il faut pofer
le nombre diuifeur au deffouz du nombre à diuifer, mettant la premiere figure du cofté gauche fouz la premiere, & les autres (fi aucunes y a) confecutiuement chacune
fouz la fienne, comme il appert icy :   5 2 0 9
Mais deuant que ce faire, faut aduifer   4 5
fi toutes les figures du partiteur fe
pourroient leuer des fuperieures, qui en feroit fubftraction, autrement faudroit pofer la premiere figure du partiteur fouz la feconde du nombre à partir, & les autres confecutiuement chacune fouz
la fienne comme dit eft, & ainfi qu'il
appert en cest autre exemple, puis au   3 2 9 2
bout dextre du nombre à partir, nous   5 4
tirerons vne petite ligne ou crochet

pour feparer iceluy diuidande du quotient.

Ce fai&, faut regarder combien de fois le fuperieur contient fon inferieur, c'eſt à dire chercher vne figure, par laquelle le diuiſeur eſtant multiplié, prouienne vn nombre, le plus grand qu'il eſt poſſible, qui ſe puiſſe leuer de ſon fuperieur; & telle figure trouuée, la mettre au lieu du quotient, puis multiplier le diuiſeur par icelle figure, & ce qui viendra de ceſte multiplication ſoit leué des figures fuperieures à iceluy diuiſeur, & le reſte ſoit poſé au deſſus d'icelles, les effaçant auec de petits traits, & auſſi le diuiſeur.

En apres faut r'auancer ledit diuiſeur d'vn ordre, & regarder derechef combien de fois il ſera contenu en ſon nombre fuperieur; que s'il y peut eſtre contenu, mettre le nombre au quotient, & faire comme deſſus: s'il n'y peut eſtre contenu, poſer o; puis ſans rien coupper du nombre ſuperieur, trancher le partiteur, & le r'auancer encores d'vne figure, s'il eſt beſoin, & ainſi proceder iuſques à la fin de l'operation; ce que nous rendrons manifeſte par les exemples ſuiuans.

Eſtant propoſé à partir 984 liures à 8 Soldats: pour ſçauoir combien il appartient à chacun, ie poſe les deux nombres en ceſte ſorte: & ayant tiré vne ligne apres le 4 du diuidande, ie regarde combien de fois 8 eſt contenu en ſon nõbre ſuperieur 9, & eſt vne fois: ie poſe donc 1 apres la ligne du quotient; puis ie dis, vne fois 8 eſt 8, qui leué de 9, reſte 1, que ie poſe au deſſus de 9, couppât tant le 8 diuiſeur que le 9 du diuidande; puis apres i'aduance le diuiſeur 8 ſouz le 8 du diuidande, & regarde cõbien de fois iceluy diuiſeur eſt en 18; & trouuant qu'il y eſt 2 fois, ie poſe 2 au quotient, & dis 2 fois 8 font 16, qui oſtez de 18 reſtẽt 2, que ie poſe au deſſus de 8, couppant tant le diui-

9 8 4 [
8

1
9 8 4 [1
8

1 2
9 8 4 [1 2
8 8

feur, que les 18 fuperieurs: puis i'aduance derechef 8 diuifeur fouz
4, derniere figure du diuidande,
& regarde combien iceluy eſt en
24, & font tro🖎 fois; ie pofe dõc
3 au quotient, & dis 3 fois 8 font
24, que i'oſte des 24 fuperieurs,

$$\begin{matrix} & & 1\ 2 \\ & 9\ 8\ 4 & [\ 123 \\ & 8\ 8\ 8 & \end{matrix}$$

& ne reſte rien: & partant ie dis que chafque Soldat doit auoir
123 liures.

Or eſt icy à notter que quand le diuifeur eſt de plufieurs figures,
pour plus facilement chercher combien de fois il eſt contenu au
nombre qui luy eſt fuperieur, il ne faut pas chercher de tout le diuifeur, ains aduifer feulemẽt combien de fois la derniere figure d'i-
celuy vers feneſtre eſt contenuë en fon nombre fuperieur correfpõ-
dant, & proceder auec le combiẽ trouué, tout ainfi que fi on l'auoit
cherché auec tout le diuifeur: ce que nous rendrons manifeſte par
l'exemple fuiuant.

Il y a vn bataillon de 13520 hommes, dont le flanc eſt de 65, affauoir com-
bien il y en a de front? Ie poſe les deux nombres ainfi qu'il appert cy
deſſouz, & regarde combien de fois le 6 du diuifeur eſt en 13, & c'eſt
2 fois: ie poſe donc 2 au quotient, & procede auec iceluy tout ainfi
que fi i'auois pris tout le diuifeur 65, difant 2 fois 6 font 12, qui oſtez
de 13 nombre fuperieur à 6, reſte 1,
que ie poſe au deſſus du 3, couppãt
6 & 13 par petits traits; puis ie dis
auſſi 2 fois 5 font 10, qui oſtez de 15
fuperieur reſtent 5: & partãt ie tranche feulement la dixaine qui eſtoit
reſtée au deſſus de 3, & auſſi le 5 du
diuifeur. Ce faict i'aduance 65 diuifeur d'vne figure, fçauoir eſt au
deſſouz de 52 en ceſte forte: mais
voyant qu'il ne peut eſtre en 52, ie
poſe o au quotient; & effaçant le diuifeur 65, ie l'aduance derechef d'v-
ne figure: & regardãt combien de
fois 6 eſt en 52, nombre à luy fuperieur, ie trouue qu'il y eſt 8 fois, que

$$\begin{matrix} & 1 & \\ 1\ 3\ 5\ 2\ 0 & [\ 2 \\ 6\ 5 & \end{matrix}$$

$$\begin{matrix} & 1 & \\ 1\ 3\ 5\ 2\ 0 & (\ 2\ 0 \\ 6\ 5\ 5 & \\ 6 & \end{matrix}$$

ie pofe au quotient, & dis 8 fois 6
font 48, qui oftez de 52, reftent 4,
que ie pofe au deffus du deux,
couppant le diuifeur 6, & les 52 qui
luy font fuperieurs ; & dis puis
apres 8 fois 5 font 40, qui oftez de

```
      ꞁ  4̶
ꞁ ꞁ 8 2 6̶ ( 2 0 8
  6̶ 8̶ 8̶ 8̶
  6̶ 8̶
```

40, nombre fuperieur, refte rien : & partant ie dis qu'il y a 208
hommes de front au bataillon propofé.

Mais il aduient fouuent que la premiere figure du diuifeur peut
bien eftre certain nombre de fois en fon nombre fuperieur, & que
les autres ne peuuent pas eftre autant de fois en leur nombre fuperieur correfpondant, c'eft pourquoy il faut bien prendre garde qu'i-
celuy premier nombre du diuifeur en laiffe toufiours à fuffifance
pour fatisfaire aux autres, car ils doiuent eftre toufiours autant de
fois au nombre qui leur refte fuperieur, que le premier nombre eft
en fon fuperieur à diuifer : Parquoy toutes & quantes fois que ces
autres figures du diuifeur ne fe trouuent en leurdit nombre fuperieur, autant de fois que la premiere figure d'iceluy diuifeur eft contenuë en fon nombre fuperieur, il faut prendre moins d'vn, ou de
deux, ou de trois, &c. faifant en forte qu'autant de fois que ladite
premiere figure du diuifeur fera prife en fon nombre fuperieur, autant de fois les autres figures puiffent auffi eftre prifes en ce qui leur
reftera fuperieur ; & toutefois que tout ce qui reftera puis apres au
deffus de tout le diuifeur, foit toufiours moindre qu'iceluy : Car fi
ce refte eftoit égal, ou plus grand que ledit diuifeur, ce feroit figne
qu'on n'auroit pas affez pris, & partant il faudroit pofer au quotient
vne figure plus haute, le tout comme il appert en l'exemple fuiuant.

Il y a 38 hommes qui ont 23902 liures à partir entr'eux, on demande com-
bien chacun doit auoir? Il faut donc diuifer 23902 par 38, & pour ce faire ie difpofe premierement ces
deux nombres l'vn au deffouz de
l'autre, comme il appert icy, &
ayāt tiré vne petite ligne à dextre
pour diftinguer le lieu du quotient, ie regarde combien il y a de

```
        ꞁ
      8̶ ꞁ
  2 ꞁ 9̶ 0 2 ( 6
  3̶ 8
```

fois 3 en 23 nombres fuperieurs, & ie trouue qu'il y en a 7; mais auant

que les pofer au lieu du quotient, ie confidere que·prenant le 3 fept
fois, il ne refteroit que 2, qui vallent vingt au regard de la figure fuiuante, tellement qu'il ne refteroit que 29 pour le 8 du diuifeur, qui
multiplié par ledit 7 donne 56, qui font plus de 29 : Parquoy ie iuge
qu'il ne faut pas mettre 7 au quotiĕt, ains feulement 6, que ie multiplie par le 3 du diuifeur, & viennĕt 18, que ie leue des 23 fuperieurs, &
reftent 5, que ie pofe au deffus du 3, ayant tranché de petits traicts,
tant le 3 du diuifeur, que les 23 qui luy font fuperieurs: en apres ie
multiplie auffi la feconde figure 8 du diuifeur par ledit nombre 6
du quotient, & viennent 48; que ie leue du nombre fuperieur 59, &
reftent 11, que ie pofe au deffus defdits 59, les ayant effacé auffi bien
que le diuifeur. Et auant que paffer plus outre, il faut icy remarquer
que le produit du quotiĕt multiplié par chafque figure du diuifeur,
ne doit toufiours eftre leuée du nombre fuperieur tout à la fois, ains
eft beaucoup meilleur de s'accouftumer à ofter figure apres figure,
c'eft à dire le nombre du nombre, & les dixaines des dixaines; comme icy pour leuer les 48 prouenus de 8 multipliez par 6, du nombre
fuperieur 59, i'ofte le nombre 8 du nombre 9, & refte 1 que ie pofe
au deffus, puis ie viens aux dixaines, & ofte les 4 dixaines de la multiplication des 5 dixaines du nombre fuperieur, & refte pareillemĕt
1, que ie pofe au deffus du 5.

Ce faict i'aduance le diuifeur 38 vers la dextre, tellement que le 3
foit fouz 11 fuperieurs, & le 8 fouz
le 0, comme il appert icy : puis ie
confidere combien de fois 3 eft
contenu en 11, & trouue qu'il y eft
bien 3 fois, mais ie voy qu'il ne refteroit pas affez pour 8, c'eft pourquoy ie ne pofe au quotient que
2, & dis 2 fois 3 font 6, que ie leue

```
        3
      1 8
      8 1 4
  2 3 9 0 2 ( 6 2
    3 8 8
      3
```

des 11 fuperieurs, & reftent 5, que ie pofe au deffus, en rayant tant le
3, que les 11 fuperieurs; puis ie dis 2 fois 8, font 16, que i'ofte du nombre fuperieur 50, difant 6 de 10, reftent 4, que ie pofe au deffus du 0,
puis i'ofte auffi la dixaine que i'auois du 5 fuperieur, lequel ne vaut
plus que 4, à caufe que i'ay emprunté 1 d'iceluy, & reftent 3 que ie
pofe au deffus d'iceluy 5.

Cela expedié, i'aduance derechef le diuiseur 38, comme il appert en ceste autre formule,& dis
3 en 34 combien de fois, & ie voy
qu'il y peut estre 9 fois, (qui est la
plus grande figure qu'on puisse
mettre au quotient) ie pose donc
9 au quotient, & dis 9 fois 3 font
27, qui ostez de 34 superieur, restent 7, que ie pose au dessus de 4;

$$\begin{array}{l} \cancel{3} \\ \cancel{3}\,\cancel{8}\,\cancel{7} \\ \cancel{5}\,\cancel{1}\,\cancel{4} \\ \cancel{2}\,\cancel{3}\,\cancel{9}\,\cancel{0}\,\cancel{2}\;(6\,29 \\ \cancel{3}\,8\,8\,\cancel{8} \\ \cancel{3}\,\cancel{3} \end{array}$$

& venant à la deuxiesme figure 8, ie la multiplie par ledit nombre 9, & font 72, qui est precisémēt le nombre resté au dessus dudit 8, parquoy il ne reste rien; & partant ie dis que des 23902 liures proposez à partir à 38 hommes, chacun en doit auoir pour sa part 629 liures.

Soit encore proposé à diuiser 7412496 *par* 2794 : Ayant disposé les nombres l'vn au dessouz de l'autre, comme il appert icy, & tiré le petit crochet du quotient, ie dis combien de fois 2 est-il en 7, & trouue qu'il y est bien 3 fois : mais d'autant qu'il ne resteroit pas assez pour les autres figures, ie ne

$$\begin{array}{l} 1 \\ \cancel{2}\,8\,2 \\ \cancel{3}\,\cancel{0}\,\cancel{3}\,4 \\ \cancel{7}\,\cancel{4}\,\cancel{1}\,\cancel{2}\,496\;(2 \\ \cancel{2}\,\cancel{7}\,\cancel{9}\,\cancel{4} \end{array}$$

pose que 2 au quotient, par lequel ie multiplie chasque figure du diuiseur, disant 2 fois 2, font 4, que i'oste du 7 superieur, & restent 3, que ie pose au dessus d'iceluy 7, le rayant aussi bien que le 2; puis 2 fois 7 (qui est la seconde figure du diuiseur) font 14, que ie leue du nombre superieur 34, & restent 20, (car ostant le 4 du 4, ne reste rien, & la dixaine des 3, restēt 2) que ie pose au dessus desdits 34, que ie trcāhe auec ledit nombre 7 du diuiseur; puis ie dis 2 fois 9 (qui est la 3e figure du diuiseur) font 18, qu'il faut oster du nombre superieur 201, disant 8 de 11, restent 3, que ie pose au dessus de 1, & puis 1 de 9, (car le zero vaut 9 à cause qu'on a emprunté au delà d'iceluy) restēt 8, que ie pose au dessus d'iceluy 0; en apres ie dis 2 fois 4, font 8, que ie leue du nombre superieur 32, disant 8 de 12, restent 4, & 1 de 3, restent 2, lesquels restez estans posez au dessus ie tranche toutes lesdites figures dont i'ay soustrait & leué quelque chose, comme aussi toutes celles du diuiseur; car c'est vne maxime qu'il faut bien obseruer

uer de trâcher touſiours la figure du diuiſeur auꝗc laquelle on opere, & celle dont on leue quelque choſe, ce que nous diſons vne fois
pour toutes, afin de ne plus vſer de repetition.

Toutes les figures du diuiſeur eſtans donc expediées, comme dit
eſt cy deſſus, i'aduance iceluy d'v-
ne figure vers dextre, comme il
appert en ceſte autre formule, &
dis 2 en 18 combien de fois, il y eſt
bien 9 fois, mais il ne reſteroit pas
pour ſatisfaire aux trois autres figures; & conſiderant bien le tout,
ie trouue qu'on ne peut prendre
que 6, que ie poſe au quotient, &
dis 6 fois 2, font 12, que ie leue des

```
        1 4
        2 8
      1 6 6 8
      2 8 2 6
      3 6 3 4 0
      7 4 1 2 4 9 6 ( 26
      2 7 6 4 4
        2 7 6
```

18 ſuperieurs, & reſtent encore 6 que ie poſe au deſſus du 8; puis ie
viens à la figure ſuiuante, & dis 6 fois 7 font 42, que ie leue du nombre ſuperieur 62, diſant 2 de 2, reſte o, que ie poſe au deſſus de 2; & 4
de 6, reſtent 2, que ie poſe au deſſus d'iceluy 6; puis venant à la 3ᵉ figure du diuiſeur 9, ie dis 6 fois 9 font 54, que ie leue de 204 nombre
ſuperieur, diſant 4 de 4, reſte o, que ie poſe au deſſus, & 5 dixaines de
10, reſtent 5, que ie poſe au deſſus du zero, & leue 1 du 2 ſuiuant; tellement qu'il n'y reſte plus que 1, que ie poſe au deſſus d'iceluy 2: puis
ie viens à l'autre figure du diuiſeur 4, & dis 6 fois 4 font 24, que
i'oſte du nombre ſuperieur, diſant 4 de 4, reſte o, que ie poſe au deſſus d'iceluy 4; & 2 de 10, reſtent 8,
que ie poſe au deſſus du zero ſuiuant, & leue 1 du 5 d'apres, & reſtent 4, que ie poſe au deſſus d'i-
celuy 5. Ce faiɑ, i'aduance derechef le diuiſeur d'vne figure vers
dextre, comme il appert en ceſte
autre formule, & dis 2 en 14 combien de fois, il y eſt bien 7 fois,
mais il ne reſteroit pas pour les
autres figures ; & examinant le
tout, ie trouue qu'il n'y peut eſtre

```
          1
        1 4 8
        2 8 8
      1 6 6 8 3
      2 8 2 6 8
      3 6 3 4 6
      7 4 1 2 4 9 6 ( 265
      2 7 6 4 4 4
        2 7 6 6
        2 7
```

que 5 fois; ie poſe donc 5 au quotient, & dis 5 fois 2 font 10, que ie

D

leue des 14 superieurs, & restent encore 4 ; tellement qu'il ne faut
pas toucher au 4, ains seulement trancher la dixaine : En apres ie
viens à la deuxiesme figure du diuiseur, & dis 5 fois 7 font 35, qui
ostez des 48 superieurs, restent 13, que ie pose au dessus, sçauoir 3 sur
8, & 1 sur 4 : puis ie viens à la 3e figure du diuiseur 9, & dis 5 fois 9 font
45, que ie leue du nombre superieur 130, disant 5 de 10, restent 5, que
ie pose au dessus du zero ; & 4 de 12 restent 8, que ie pose au dessus
du 3, & tranche les 13 : ie viens finalement à la derniere figure du diuiseur 4, & dis 5 fois 4 font 20, que ie leue du nombre superieur, sçauoir les 2 dixaines des 5, & restent 3, que ie pose au dessus d'iceluy 5.

Cela expedié, i'aduance encore le diuiseur d'vne figure vers dextre, ainsi qu'il appert en ceste au-
tre formule, & dis 2 en 8 combien
de fois, & trouue qu'il n'y peut
estre que 3 fois que ie pose au
quotient, & dis 3 fois 2 font 6, que
ie leue de 8, & restent 2, que ie
pose au dessus ; puis ie viens à la
deuxiesme figure du diuiseur, &
dis 3 fois 7 font 21, que ie leue du
nombre superieur 23, & reste 2,
que ie pose au dessus de 3 : & viens
à la 3e figure du diuiseur, & dis 3
fois 9 font 27, que i'oste du nombre superieur 29, & restent 2, que
ie pose au dessus du 9 ; & finalement ie dis 3 fois 4 font 12, que ie
leue des 26 superieurs, & restent encore 14, que ie pose au dessus d'i-
ceux 26. Or puis qu'il n'y a plus aucune figure pour aduancer derechef le diuiseur, la diuision est paracheuée ; & quant aux 14 qui restent encore, il les faut mettre au bout du quotient, au dessus d'vne
petite ligne, souz laquelle soit aussi posé le diuiseur, comme ilappert
icy. Estans donc partis 7412496 liures, à 2794 personnes, viennent
à chacun 2653 $\frac{14}{2794}$.

Autre maniere pour diuiser.

OR il y a encore quelques autres manieres pour diuiser, mais
i'estime que celle cy dessus enseignée est la plus prompte &

aifée à pratiquer : toutesfois nous enfeignerons encore icy vne des autres manieres, laquelle fe peut pratiquer fans trancher aucune figure, voire mefme quelques-vns la trouuerõt plus facile à pratiquer que la maniere precedente,

Soit donc proposé à diuifer 16450237 par 579. Il faut premierement compofer vne tablette, comme celle qui eft icy cottée diuifeur, à la

Diuifeur.		Diuidande.	Quotient.
579	1	1 6 4 5 0 2 3 7	(2 8 4 1 1 $\frac{268}{579}$
1 1 5 8	2	1 1 5 8	
1 7 3 7	3		
2 3 1 6	4	4 8 7 0	
2 8 9 5	5	4 6 3 2	
3 4 7 4	6	2 3 8 2	
4 0 5 3	7	2 3 1 6	
4 6 3 2	8	6 6 3	
5 2 1 1	9	5 7 9	
		8 4 7	
		5 7 9	
		2 6 8	

premiere ligne de laquelle ie pofe le diuifeur propofé ; mais à la feconde ligne ie mets fon double ; à la troifiefme ligne, le triple ; à la quatriefme, le quadruple, & ainfi en cõtinuant de ligne en ligne iufques à la neufiefme, où ledit diuifeur eft contenu 9 fois.

Ce faict, ie confidere que fi mon diuifeur 579 eftoit pofé fouz le diuidande, qu'il correfpõdroit aux quatre premieres figures vers feneftre, fçauoir eft à 1645 : & pour fçauoir combien de fois iceluy diuifeur 579, eft contenu audit nombre correfpondant 1645, ie regarde fi ce nombre eft en la tablette, & ne l'y trouuant point, ie prends au lieu d'iceluy le plus prochain moindre, qui eft 1158, à cofté duquel eft 2, qui denotte que le diuifeur eft contenu deux fois en 1645 : c'eft pourquoy ie pofe 2 au quotient, & ofte lefdits 1158 du nombre à diuifer 1645, & reftent 487, au bout defquels ie pofe la figure fuiuante du diuidande, qui eft 0, & font 4870, que ie cherche derechef en la table du diuifeur, mais ne l'y trouuant point, ie prends le plus pro-

chain moindre, qui eſt 4632, à coſté duquel eſt 8, que ie porte au
quotiết, puis i'oſte iceluy nombre 4632 du cherché 4870, & reſtent
238, au bout deſquels i'eſcris la figure ſuiuante du diuidande, qui eſt
2, & font en tout 2382, que ie cherche en la tablette du diuiſeur, &
ne l'y trouuant point, ie prends le plus prochain moindre, qui eſt
2316, à coſté duquel eſt 4, que ie poſe au quotient, & puis ie leue ledit nombre pris 2316 du cherché 2382, & reſtent ſeulement 66, au
bout deſquels ie poſe la figure ſuiuante du diuidande, & font 663,
que ie cherche en la tablette du diuiſeur; & pourſuiuant le reſte,
comme dit eſt cy deſſus, iuſques à la fin de toute l'operatiõ, on trouuera que le quotient de la diuiſion propoſée, ſera 2841 $\frac{268}{579}$.

Ceſte maniere de diuiſer eſt ſi facile, que ie n'eſtime pas qu'il ſoit
neceſſaire de nous arreſter dauantage ſur icelle, ny en bailler d'autre exemple: c'eſt pourquoy nous viendrons à remarquer ſeulemët
quelques briefuetez qu'on peut pratiquer en la diuiſion.

Quand donc on veut diuiſer par 10, par 100, par 1000, ou par tels
autres nombres, qui n'ont en leur figuration autre figure ſignificatiue que l'vnité, laquelle ne diuiſe point; il ne faut que coupper par
vne petite ligne, ou ſeparer du nombre à diuiſer, autãt de figures du
coſté dextre, qu'il y aura de zero au diuiſeur: & ſi les figures coup-
pées ou ſeparées ſont ſignificatiues, il les faudra poſer au deſſus d'v-
ne petite ligne, & au deſſouz le diuiſeur. Comme pour exẽple, voulant diuiſer 470 par 10, ie ſepare la figure à dextre, & reſte 47 pour
le quotien de la diuiſion: mais voulant diuiſer 4371 par 100, ie retranche ſeulement les deux figures à dextre, & les mets au deſſus
d'vne ligne, auec le diuiſeur au deſſouz, & vient pour le quotient de
la diuiſion 43 $\frac{71}{100}$.

Mais pour diuiſer par 20, par 30, par 40, par 200, par 300, & par
autres nombres ſemblables, dont la derniere figure ſeulement vers
ſeneſtre, eſt ſignificatiue maieure que l'vnité; il ne faut que coupper
autant de figures du diuidande qu'il y aura de zero au diuiſeur, & du
reſte prendre la partie denommée par la figure ſignificatiue du diuiſeur, c'eſt à dire prendre la moictié ſi ceſte figure eſt 2, le tiers ſi
c'eſt 3, le quart ſi c'eſt 4, &c. Comme pour exemple, voulans diuiſer
940 par 20, ie retranche le zero dudit nombre 940, & reſtera 94,
dont ie prends la moictié, qui ſera 47, pour le quotient de la diuiſiõ:
mais voulans diuiſer 2451 par 300, ie retranche les deux dernieres fi-

gures vers dextre, & resteront 24, dont ie prends le tiers qui est 8, au bout duquel il faut mettre au dessouz d'vne ligne le diuiseur 300, & au dessus d'icelle les deux figures retranchées, ainsi $8\frac{51}{300}$, qui sera le quotient requis.

Preuue de la Diuision.

QVANT à la preuue de ceste operation, elle se fait par plusieurs manieres, mais la plus certaine & asseurée est de multiplier le quotient de la diuision par le diuiseur : & si le produit de la multiplication se trouue égal au nombre diuisé, c'est signe que l'operation de la diuision a esté bien faicte ; obseruant toutesfois que s'il reste quelque chose de la diuision, il faut adiouster iceluy reste au produit de la multiplication : Comme pour exemple, ayant diuisé 117368 par 34, ie trouue que le quotiët est precisémēt 3452 : mais pour cognoistre & examiner si l'operation a esté bien faicte, ie multiplie le quotient par le diuiseur, comme il appert icy ; & trouuant que le produit de la multiplication est égal au nombre diuisé 117368, ie cōcluds que la diuision a esté bien & deuëment faicte :

```
   1                    8
 1 3 2              7 + 5
 2 8 7                  8
1 1 7 3 6 8  (3 4 5 2
3 4 4 4 4          3 4
3 3 3          1 3 8 0 8
                 1 0 3 5 6
              ─────────────
                1 1 7 3 6 8
```

Car il est certain que deux nombres estans multipliez entr'eux, leur produit contiēdra autant de fois l'vn des nōbres multipliez, qu'il y aura d'vnitez en l'autre : & au contraire si le produit de deux nōbres multipliez entr'eux est diuisé par l'vn d'iceux, le quotiēt sera égal à l'autre : d'où aduient que la multiplicatiō & la diuisiō peuuēt estre reciproquemēt verifiez l'vne par l'autre. Soit encore proposé vn exēple : Ayāt diuisé 26141 par 52, ie trouue que le quotient est 502, & qu'il reste encore 37 à partir : Or pour cognoistre si la diuision est bien & deuement faicte, ie multiplie le quotient 502 par le diui-

```
                          5
   1   37              7 + 7
2 6 1 4 1  (5 0 2         5
5 2 2 2        5 2
  8 8        1 0 0 4
           2 5 1 0
               3 7
          ───────────
           2 6 1 4 1
```

feur 52, comme il appert icy; & adiouſtant au produit le reſte 37, ie trouue 26141, qui eſt égal au nombre diuiſé; parquoy ie dis que l'operation de la diuiſion a eſté bien faicte.

Quelques-vns veulent encore examiner ceſte operation auſſi bien que les trois precedentes par la rejection des 9; mais côme nous auons ia dit, ceſte preuue n'eſt bien certaine, ains ſujette à fallace: Neantmoins ſi quelqu'vn en veut vſer, qu'il oſte du diuiſeur autant de fois 9 qu'on pourra; & ayant faict vne petite croix, qu'il poſe le reſte au bout ſeneſtre de la ligne trauerſante d'icelle croix, puis qu'il reiette auſſi tous les 9 du quotiēt, & qu'il poſe le reſte à l'autre bout de ladite ligne tranſuerſalle de la croix; puis ſoient multipliez ces deux nombres entr'eux, & du produit en ſoit pareillement oſté autant de fois neuf qu'on pourra (obſeruant de prendre auſſi le reſte de la diuiſiō ſi aucun y a) & le reſte ſoit poſé au haut de la croix: Finablement ſoit encore reietté autant de fois neuf qu'on pourra du diuidande; & ce qui reſtera eſtant égal au nombre poſé au ſommet de la croix, la diuiſion aura eſté bien faicte. Pour exemple, ayant diuiſé cy deſſus 117368 par 34, i'ay trouué au quotient 3452: maintenant pour examiner ſi l'operation a eſté bien faicte, i'aſſemble les deux figures du diuiſeur 34, & font 7, qui eſt le meſme que d'oſter tous les 9 de 34, laquelle figure 7 ie poſe au bout de la ligne tranſuerſalle d'vne croix, puis i'adiouſte auſſi toutes les figures du quotient, en reiettant 9, quand le nombre eſt dauantage, & reſtent 5, que ie poſe à l'autre bout de la ligne tranſuerſalle de la croix: ce fait ie multiplie ces deux nombres entr'eux, & viennent 35, dont les 9 reiettez reſtent 8, que ie poſe au ſommet de ladite croix: en apres ie reiette auſſi les 9 du diuidande, & trouue qu'il reſte auſſi 8, que ie poſe au bas de la croix: & puiſque ces deux figures du haut & du bas de la croix ſont ſemblables, ie concluds que la diuiſion a eſté bien faicte: Procedāt en la meſme ſorte à l'examen de l'autre exemple, où nous auons diuiſé 26141 par 52, & trouué que le quotient eſt 502 $\frac{37}{52}$, nous trouuerons 7 à chaſque bout de la ligne tranſuerſalle de la croix, qui multipliez entr'eux font 49, & les 9 reiettez reſtent 4, que i'adiouſte auec les 37 reſtez à partir, & les 9 reiettez, reſtent 5, que ie poſe au haut de la croix; puis ie reiette auſſi les 9 du diuidande, & reſtent pareillement 5: parquoy ie dis que l'operation a eſté bien faicte.

Numeration des fractions, ou nombres rompus.

CHAPITRE VII.

FRACTION, ou nombre rompu, est vne ou plusieurs parties d'vn entier diuisé en plusieurs parties egales: & de ces fractions ou parties d'entie, les vnes sont denommées de la partie ou parties de leur tout, comme vne partie d'vn tout diuisé en deux égalemnt s'appelle vne moictié, & s'escrit ainsi $\frac{1}{2}$: mais le tout estant diuisé en trois parties égales, vne d'icelles se nomme vn tiers, & se figure ainsi $\frac{1}{3}$; & deux, s'appellent deux tiers, qui s'escriuent ainsi $\frac{2}{3}$: & vn tout diuisé en quatre parties égales, chacune d'icelles est nommée vn quart, & se figure ainsi $\frac{1}{4}$, & les trois parties, trois quarts, qui se repre-sentent ainsi $\frac{3}{4}$: & vn tout estant diuisé en cinq parties égales, quatre d'icelles parties se nomment quatre cinquiesmes, & se figurent en ceste sorte $\frac{4}{5}$: Bref nous retiendrons que toutes telles fractions sont tousiours nombrées & exprimées par deux nombres, qui ont mesme relation l'vn auec l'autre, que les parties qu'ils expriment ont auec leur tout; & que pour les figurer & represeter, il faut tousiours mettre au dessouz d'vne petite ligne le nombre des parties esquelles le tout doit estre diuisé, & s'appelle denominateur; mais au dessus de ladite ligne, le nombre des parties qu'il faut prendre de l'entier, & iceluy s'appelle numerateur. Les autres fractions ne sont pas seule-ment desnommées de la partie de leur tout; mais elles ont encores vne autre appellation particuliere, ainsi qu'il appert aux monnoyes, poids & mesures: car pour exemple, la vingtiesme partie d'vne liure est appellée d'vn nom special vn sol: & aussi la douziesme partie d'vn sol est appellée ordinairemet vn denier: de mesme la seiziesme partie d'vne liure pesant, ou bien la huictiesme partie d'vn marc, est nommée vne once; & les $\frac{7}{8}$ parties, sept onces: mais la huictiesme partie d'vne once s'appelle vn gros; & les $\frac{5}{8}$ parties, 5 gros ou 15 de-niers: & la sixiesme partie d'vne toise est nommée vn pied; les $\frac{5}{6}$ par-ties, cinq pieds: & vne douziesme partie d'vn pied est nommée vn poulce; & les sept douziesmes, 7 poulces; & ainsi faut-il entendre de toutes autres mesures: tellemet que $\frac{5}{12}$ d'vn pied sont autat que 5 poulces, & 3 pieds autant qu'vne demy toise, combien que la de-

nomination foit diuerfe. Et auant que paffer plus outre, eft à noter
que quand les deux nombres d'vne fraction font égaux, comme $\frac{3}{3}$,
ils fignifient vn entier: mais quand le numerateur eft plus que le dé-
nominateur, la fraction eft plus d'vn entier: & quand il eft moindre,
elle eft moins que l'entier: comme $\frac{15}{10}$ d'vne toife ou d'vne liure, eft
plus d'vne toife ou d'vne liure, & $\frac{5}{6}$ d'vn pied ou d'vn fol, eft moins
d'vn pied ou qu'vn fol.

De la reduction des fractions.

CHAP. VIII.

P O V R-autant qu'vne mefme fraction peut eftre defcrite en diuerfe denomination, & qu'elle fera plus ou moins qu'vn entier, nous enfeignerons cy apres diuerfes reductions d'icelles fractions.

Premierement donc, quand le numerateur d'vne fraction eft plus
grand que le denominateur, il faut pour reduire icelle fraction en
fon nombre d'entier, diuifer le numerateur par le denominateur, &
le quotient donnera le requis: Comme pour exemple, eftans propofez $\frac{24}{3}$ à reduire en entier, ie diuife le numerateur 24 par le denominateur 3, & viennent 8 entiers: mais pour reduire $\frac{39}{13}$, ie diuife 39 par
13, & viennent 3 entiers.

Que fi apres la diuifiō faicte il refte quelque chofe, il faudra mettre ce refte fur vne ligne au bout du quotient, & au deffouz d'icelle
ligne le denominateur, qui fera vne fraction: Comme pour exem-
ple, voulant reduire $\frac{14}{5}$, ie diuife 14 par 5, & viennent 2 au quotient;
mais refte encores 4 à diuifer, lefquels ie pofe auec le quotient 2, &
fera ainfi $2\frac{4}{5}$: mais pour reduire $\frac{39}{7}$, ie diuife 39 par 7, & viennent
$5\frac{4}{7}$ pour iceux $\frac{39}{7}$.

Nous reduirons donc par ce moyen toutes parties en entier: car
en diuifant les parties propofées par le nombre de celles que contient l'entier, le quotient donnera l'entier; comme les deniers en
fols, & les fols en liures, ou en efcus, ou autres efpeces d'etier, ou bien
les poulces en pieds, & les pieds en toifes: Et pour exemple, voulant
reduire 45 pieds en toifes, ie diuife 45 par la valeur de la toife qui eft
6, & viennent $7\frac{3}{6}$ toifes, ou 7 toifes & 3 pieds: mais voulant reduire

125 fols

125 fols en liures, ie diuife 125 par 20, qui eſt la valeur de la liure, & viennent $6\frac{5}{20}$, ou 6 liures 5 fols.

Par le contraire de ce que deſſus nous reduirons tout entier en fraction, ſçauoir eſt multipliant le nombre d'entier par le denominateur de la fraction, en quoy on le veut reduire, & poſant ſouz le produit ledit denominateur: Comme pour exemple, voulāt reduire 4 entiers en ſeptieſme parties, ie multiplie 4 par 7, & viennent 28, dont le denominateur eſt 7, & partāt ie les poſe ainſi $\frac{28}{7}$: Voulāt auſſi reduire 10 toiſes en pieds, ie multiplie 10 par 6, & viennent 60 pieds ou $\frac{60}{6}$. Pareillement, voulant reduire 20 liures en deniers, ie multiplie 20 par le nōbre des deniers que vaut vne liure, ſçauoir eſt par 240, & viennent 4800 deniers, ou $\frac{4800}{240}$.

Que s'il faut reduire des entiers ioints auec fractions, nous multiplierons l'entier par le denominateur de la fraction, & au produit adiouſterons le numerateur de la fraction; & poſant ſouz l'addition le denominateur de la fraction, nous aurōs le requis: Comme pour exemple, voulant reduire en fractions $4\frac{3}{5}$, ie multiplie 4 par le denominateur 5, & viennent 20, auſquels i'adiouſte le numerateur 3, & font 23, que ie poſe ainſi $\frac{23}{5}$: mais voulant reduire 2 toiſes 5 pieds en pieds, ie multiplie 2 par 6, & viennent 12, auſquels i'adiouſte 5, & font 17 pieds.

Et par ceſte maniere ſeront facilement reduites toutes ſortes de monnoyes, pois, & meſures en leurs parties.

Or d'autant qu'vne meſme fraction peut eſtre deſcrite & exprimée en infinies ſortes, & que celle qui eſt deſcrite auec plus petit nombre eſt cogneue plus facilement, on a accouſtumé de reduire vne fraction au plus petit nombre qu'elle ſe peut propoſer: & ce, trouuant vn nōbre qui diuiſe exactement, tant le numerateur que le denominateur de ladite fraction, & le quotient de l'vn & de l'autre donne le requis: Comme pour exemple, voulant reduire $\frac{9}{12}$ à petit nombre, ie trouue que 3 diuiſe exactement 9 & 12: car il eſt 3 fois en 9, & 4 fois en 12; & partant $\frac{3}{4}$ ſont au lieu de $\frac{9}{12}$: & ainſi nous trouuerons que $\frac{27}{45}$ auront pour moindre denomination $\frac{3}{5}$: car 9 eſt 3 fois en 27, & 5 fois en 45.

Que ſi le diuiſeur trouué n'eſtoit la plus grande commune meſure des nombres qui expriment la fractiō propoſée, c'eſt à dire qu'apres les auoir diuiſé par le nombre trouué, on recognoiſſe que les

E

quotiens fe puiſſent encore diuiſer exactement par quelque autre
nombre; il faudroit derechef diuiſer leſdits quotiens, & ainſi continuer de diuiſion en diuiſiõ iuſques à ce qu'on ſoit paruenu à deux
nombres qui ne ſe puiſſent plus diuiſer, ou n'ayent aucune commune meſure que l'vnité. Comme pour exemple, voulãt reduire $\frac{48}{60}$ en
ſa plus petite exprimation; ie voy premierement que l'vn & l'autre
nombre ſe peuuent exactement diuiſer par 4, faiſant laquelle diuiſion viennẽt 12 & 15, qui font $\frac{12}{15}$: mais iceux nombres peuuent encore eſtre diuiſez exactement par 3, & viendront 4 & 5, qui ne peuuent plus eſtre diuiſez que par l'vnité; c'eſt pourquoy ie dis qu'ils
font les plus petits nombres, par leſquels on peut exprimer la fraction propoſée $\frac{48}{60}$, qui partant ſera reduitte à $\frac{4}{5}$.

Or ſi par faute d'experience on ne peut trouuer vn nombre qui
diuiſe preciſément le numerateur & denominateur, il faut oſter le
moindre nombre du plus grãd; & ſi le reſte eſt plus grand que le numerateur, il faut derechef oſter le numerateur d'iceluy reſte, ou au
cõtraire, & pourſuiure la ſouſtraction iuſques à ce qu'on ayt trouué deux nombres égaux, & iceluy ſera le nombre cherché, c'eſt à
dire la plus grande commune meſure des nombres qui expriment
la fraction propoſée: Comme pour exemple, voulant reduire $\frac{84}{132}$
à petit nombre, i'oſte 84 de 132, & reſtent 48, que ie ſouſtrais de 84,
& reſtent 36, qui oſtez de 48 reſtent 12, & iceux oſtez de 36 reſtent
24, deſquels eſtant auſſi oſtez 12 reſtent 12: & partant 12 eſt le nombre par lequel il faut diuiſer chaſque nombre de la fraction propoſée; & feront trouuez $\frac{7}{11}$ pour la reduction de $\frac{84}{132}$.

La plus grande commune meſure des nombres qui expriment
la fraction propoſée, ſe trouuera encore diuiſant le plus grand d'i-
ceux par le moindre, & s'il ne reſte rien, iceluy moindre nombre
ſera la commune meſure cherchée: Comme eſtant propoſé $\frac{16}{48}$, ie
diuiſe le denominateur 48 par le numerateur 16, & ne reſte rien:
parquoy ie dis qu'iceluy nombre 16 eſt la plus grãde commune meſure d'iceux nombres 16 & 48: tellement que faiſant les diuiſions
$\frac{16}{48}$ reuiendront à $\frac{1}{3}$.

Mais ſi apres la diuiſion il reſtoit quelque choſe, il faudroit par
ce reſte diuiſer derechef le precedent diuiſeur, & ainſi continuer
iuſques à ce qu'il ne reſte rien: comme eſtant propoſé $\frac{63}{159}$, & diuiſé
159 par 63, il reſte 33, il faut derechef diuiſer 63 par ce reſte 33, & re-

steront encore 30, par lesquels il faut derechef diuiser 33, & resteront encore 3, par lesquels estant diuisez les 30 restans au precedent,
ne restera rien : parquoy ce dernier reste 3 est la plus grande commune mesure des nombres 63 & 159 ; partant les diuisions faictes
viendront $\frac{21}{53}$ pour la reduction à minimes termes de la fractiõ proposée $\frac{63}{159}$. Qu'il faille encore reduire $\frac{84}{120}$, ie diuise 120 par 84, &
restent 36, par lesquels ie diuise 84, & restent 12, par lesquels ie diuise encore 36, & ne reste rien : parquoy 12 est la plus grande commune mesure cherchée, par lesquels estãs diuisez chasque nombre de
la fraction proposée, elle sera reduitte à $\frac{7}{10}$.

Or d'autant que deux ou dauantage de fractions ne peuuent
estre adioustées ensemble, ny soustraittes l'vne de l'autre, si elles ne
sont de mesme denomination, il est grandement besoin de sçauoir
le moyen de reduire les fractions de diuerses denominations à vne
mesme, ce qu'on fera comme il s'ensuit.

Premierement donc, si deux fractions de diuerses denominatiõs
sont proposées à reduire en mesme denomination, il faut pour ce
faire multiplier les deux denominateurs ensemble, & le produit sera le denominateur commun : puis multipliant en croix le numerateur de la premiere par le denominateur de la seconde, sera produit
le numerateur de la premiere : puis encore le numerateur de la seconde, par le denominateur de la premiere, sera produit le numerateur de la 2e. Comme pour exem-
ple, voulãt reduire $\frac{2}{3}$, & $\frac{3}{4}$ en mes-   8   9
me denomination, ie pose icelles   _____
fractions ainsi qu'il appert icy ; $\frac{2}{3}$ X $\frac{3}{4}$
puis ie multiplie les denomina-   _____
teurs entr'eux, & viennent 12, qui   12

sera le denominateur commun, lequel nous escrirons dessouz vne
ligne en la sorte qu'il appert cy dessus, puis ie multiplie en croix le
numerateur de la premiere fraction, qui est 2, par le denominateur
de la seconde, qui est 4, & feront 8, qui sera le numerateur de la premiere fraction, lequel nous escrirons au dessus d'icelle, ayant tiré
vne ligne entre deux, comme il appert en la formule cy dessus : nous
multiplierons encore le numerateur de la seconde fraction, qui est
3, par le denominateur de la premiere qui est aussi 3, & feront 9, pour
le numerateur de la seconde fraction, lequel nous escrirons aussi

deſſus noſtre ligne vers la main dextre; par ainſi les fractions pro-
poſées $\frac{1}{3}$ & $\frac{3}{4}$ feront reduites à $\frac{8}{12}$ & $\frac{9}{12}$, c'eſt à dire que $\frac{8}{12}$ valent autant que $\frac{2}{3}$, & $\frac{9}{12}$ autant que $\frac{3}{4}$.

Que ſi trois ou dauantage de fractions ſont propoſées à reduire
en meſme denomination, nous multiplierons tous les denominateurs entr'eux, & ſera produit le denominateur commun: & multipliant le numerateur de chaſque fraction par tous les denominateurs des autres, ſera produit le
numerateur d'icelle. Comme
pour exemple, voulant reduire
$\frac{1}{2}, \frac{2}{3}$ & $\frac{3}{5}$ en meſme denominatiõ,
ie multiplie le denomitateur 2
par le denominateur 3, & font 6,

$$15 \quad 20 \quad 18$$
$$\frac{1}{2} \ X \ \frac{2}{3} \ X \ \frac{3}{5}$$
$$30$$

que ie multiplie par le denominateur 5, & font 30, qui ſera le denominateur commun, que ie poſe au deſſouz d'vne ligne tirée ſouz
leſdites fractions: ie multiplie puis apres 1 numerateur de la premiere fraction, par 3 denominateur de la ſeconde, & font 3, que ie
multiplie encore par 5 denominateur de la troiſieſme, & font 15,
qui ſera le numerateur de la premiere fraction, que ie poſe au deſſus
d'icelle, ayant premieremēt tiré vne ligne droicte au deſſus de toutes les fractions propoſées, ainſi qu'il appert cy deſſus: puis ie multiplie 2, numerateur de la ſeconde fraction par 2, denominateur de
la premiere, & font 4, que ie multiplie encore par 5 denominateur
de la troiſieſme, & font 20, qui ſera numerateur de la ſeconde fraction, lequel ie poſe au deſſus de la ligne, vis à vis de ladite ſeconde
fraction: & finablement ie multiplie 3, numerateur de la troiſieſme
fraction, par 3, denominateur de la ſeconde, & font 9, que ie multiplie par 2, denominateur de la premiere, & font 18, qui ſera le numerateur de la troiſieſme fraction, lequel nous poſerons au deſſus
de la ligne : par ainſi les fractions propoſées $\frac{1}{2}, \frac{2}{3}$ & $\frac{3}{5}$ eſtans reduittes
en vne meſme denomination, feront $\frac{15}{30}, \frac{20}{30}$ & $\frac{18}{30}$: tellement que $\frac{15}{30}$
valent autant que $\frac{1}{2}$, & $\frac{20}{30}$ autant que $\frac{2}{3}$, & $\frac{18}{30}$ autant que $\frac{3}{5}$.

Soit derechef propoſé à reduire en meſme denomination ces
quatre fractiõs $\frac{1}{2}, \frac{2}{3}, \frac{3}{4}$ & $\frac{5}{6}$, les ayāt
diſpoſé comme il appert icy, ie
multiplie les 4 denominateurs
entr'eux, diſant 2 fois 5 font 10, &

$$120 \quad 96 \quad 180 \quad 200$$
$$\frac{1}{2} \ X \ \frac{2}{3} \ X \ \frac{3}{4} \ X \ \frac{5}{6}$$
$$240$$

4 fois 10, font 40, & 6 fois 40, font 240, qui eſt le denominateur
commun, que ie poſe au deſſouz de la ligne : puis ie multiplie chaſque numerateur par tous les trois denominateurs des autres fractions, comme 1 par 5, 4 & 6, & viennent 120, que ie poſe au deſſus
de la ligne vis à vis de la premiere fraction ; puis ie multiplie le numerateur 2 par les denominateurs 2, 4, 6, & viennēt 96, que ie poſe
auſſi au deſſus de la ligne, vis à vis de la ſeconde fraction : en apres ie
multiplie le numerateur 3 par les denominateurs 2, 5, 6, & viennent
180, que ie poſe au deſſus de la troiſieſme fraction : & finablement
ie multiplie le dernier numerateur 5, par les denominateurs 4, 5, 2, &
viennent 200, que ie poſe au deſſus de ladite fraction ; par ainſi les
quatre fractions $\frac{1}{2}$, $\frac{2}{4}$, $\frac{3}{4}$ & $\frac{5}{6}$ eſtans reduittes en vne meſme denomination, font $\frac{120}{240}$, $\frac{96}{240}$, $\frac{180}{240}$, & $\frac{200}{240}$. La meſme choſe aduiendra, ſi
ayant trouué le denominateur commũ, on le diuiſe par le denomi-
nateur de la fraction, & multiplie le produit par le numerateur.

Or cõbien que toutes fractiõs de diuerſes denominatiõs puiſſent
eſtre reduittes à vne meſme denomination par la regle generale cy
deſſus, ſi eſt-ce toutefois qu'il aduiēt ſouuēt qu'õ peut faire leſdites
reductions plus promptement, & euiter les grands nombres : comme lors qu'il y a ſeulement deux fractions à reduire, & qu'on voit
que le plus petit denominateur meſure le plus grand, il n'y a qu'à
multiplier le numerateur d'iceluy plus petit denominateur, par tel
nombre qu'il meſure le plus grand, & viendra le numerateur d'icelle fraction, dont le denominateur ſera le plus grand des propoſez :
ainſi pour reduire à meſme denomination $\frac{2}{3}$ & $\frac{5}{9}$, à cauſe que le
moindre denominateur 3 eſt contenu 3 fois au plus grand 9, ie mul-
tiplie par 3 le numerateur 2, & viēnent 6 : parquoy ie disque $\frac{2}{3}$ & $\frac{5}{9}$
valent en meſme denomination $\frac{6}{9}$ & $\frac{5}{9}$: derechef reduiſant en ceſt④
maniere $\frac{2}{5}$ & $\frac{17}{30}$, viendront $\frac{12}{30}$ & $\frac{17}{30}$.

Pareillement lors qu'il y a pluſieurs fractions, & que le plus grãd
denominateur eſt meſuré de tous les autres, iceluy ſera denominateur commun de toutes leſdites fractions ; & quant aux numerateurs, ils ſerõt tous trouuez comme dit eſt en l'article cy deſſus : ain-
ſi $\frac{2}{3}$, $\frac{3}{4}$, $\frac{5}{6}$, & $\frac{7}{12}$, ſeront reduits à $\frac{8}{12}$, $\frac{9}{12}$, $\frac{10}{12}$ & $\frac{7}{12}$.

Dauantage, le plus grand denominateur ne pouuant eſtre meſuré de tous les autres, ſoit aduiſé quel nombre peut eſtre meſuré
par chacun d'iceux ; puis d'iceluy ſoient priſes les meſmes parties

que celles qui expriment lefdites fractions : comme pour reduire les quatre fractions cottées & ia reduitte à la fin de la page 36, fçauoir eft $\frac{1}{2}, \frac{2}{5}, \frac{3}{4}$, & $\frac{5}{6}$. Ie voy que 60 eft mefuré par tous ces denominateurs, parquoy il fera denominateur commun; & pour les numerateurs i'en prend les parties exprimées par lefdites fractions, qui feront 30, 24, 45, & 50 : tellement que nous aurons pour la reduction defdites fractions propofées $\frac{30}{60}, \frac{24}{60}, \frac{45}{60}$, & $\frac{50}{60}$, auec lefquelles il eft beaucoup plus brief & aifé d'operer, que non pas auec les nombres cy deuant trouuez.

Il y a encore vne autre efpece de reductiõ de fraction, qu'on appelle eualuation, qui n'eft autre chofe que trouuer la valeur & eftimation d'icelle fraction, au regard du nombre des parties efquelles fon entier eft vulgairement diuifé en l'vfage commun; comme eualüer les $\frac{2}{5}$ d'vne liure, c'eft trouuer combien valent ces $\frac{2}{5}$ au regard que la liure vault 20 fols. Et pour paruenir à telle eualuation, il faut premierement fçauoir quelles font les parties efquelles l'entier dont eft queftion fe diuife ordinairement, & c'eft ce que nous appellons parties cogneuës de l'entier.

Premierement, quant aux monnoyes nous prendrons que les parties cogneuës de l'efcu foient 60 fols ; de la liure, 20 fols; du fol, 12 deniers; du denier, 2 obolles, ou mailles; & de l'obolle, 2 pittes.

Pour le regard des poids, le plus vulgaire eft la liure, puis le marc: En medecine la liure ne vaut que 12 onces, poids de marc; l'once 8 dragmes, gros, ou trezeaux ; la dragme, 3 fcrupules; la fcrupule, 2 oboles; l'obole, 3 filiques; & la filique, 4 grains. Mais la liure marchande vaut ordinairement 16 onces, qui font 2 marcs; car le marc qui fert principalement à pefer l'or & l'argent ne vaut que 8 onces; & l'once vaut 8 gros, ou 24 deniers, & chafque gros 3 deniers; le denier, 24 grains; le grain, 24 primes; la prime, 24 fecondes, &c. A Paris l'once fe diuife encore autrement, car les orphevres le partiffent en 20 eftelins; l'eftelin, en 2 mailles ; la maille, en 2 felins ; le felin, en demys, en quarts & demy quarts.

Quant aux mefures, la toife eft la plus commune, laquelle vaut en longueur 6 pieds, en fuperficie 36 pieds, & en folidité 216 pieds: mais ordinairement le pied fe diuife felon la longueur en 12 poulces, & chafque poulce en 12 lignes.

Nous auons ia dit en plufieurs endroits, tant de nos fractions

Aftronomiques, qu'en noftre Arithmetique militaire, que les Aftro-
nomes diuifent la circonferéce de tout cercle en 360 parties, qu'on
appelle degrez ; puis chafque degré en 60 autres particules qu'ils
appellent minuttes ; & chafque minutte derechef en 60 plus petites parties qu'on appelle fecondes,& ainfi confecutiuement de 60
en 60.

Ces chofes premifes, voyons maintenant comme il faut eualuer vne fraction propofée: Soit multiplié le numerateur de la fraction propofée par le nombre des parties cogneuës de l'entier, ou
au contraire,puis foit diuifé le produit par le denominateur de ladite fraction,& le quotient donnera la valeur d'icelle fraction pro-
pofée.Comme pour exemple,qu'il faille trouuer la valeur de $\frac{4}{5}$ d'vn
efcu. Or puis que l'efcu vault 60 fols,ie multiplie 60 par le numerateur 4, & viennent 240, que ie diuife par le denominateur 5, & le
quotient dône 48 fols pour la valeur & eftimation des $\frac{4}{5}$ d'vn efcu.
Soit encore propofé à eualuer les $\frac{7}{10}$ d'vne toife: puis que la toife
vaut 6 pieds,ie multiplie le numerateur 7 par 6,& viennent 42,que
ie diuife par le denominateur 10, & viennent au quotient 4 pieds
$\frac{2}{10}$ ou $\frac{1}{5}$, pour la valeur de $\frac{7}{10}$ d'vne toife. Qu'il faille encore trouuer
la valeur des $\frac{3}{7}$ d'vn degré, ie multiplie 60' par 3, & viennent 180,
que ie diuife par 7, & viennêt 25 $\frac{5}{7}$ minuttes pour la valeur & eualuation de $\frac{3}{7}$ d'vn degré.

Or par le contraire de ce que deffus,on peut reduire les menuës
efpeces ainfi dénommées aux parties d'vne fraction de plus grande
efpece, & ce en pofant pour denominateur d'vne fraction les parties cogneues de l'entier,& pour le numerateur le nombre de l'efpece propofée: Ainfi voulant reduire 48 fols en fraction d'efcu,
ie pofe 60 pour denominateur d'iceux 48, & par ainfi viendront
$\frac{48}{60}$, qui reduits à minimes termes,donnent $\frac{4}{5}$: parquoy ie dis que 48
fols valent les $\frac{4}{5}$ d'vn efcu. Ainfi auffi voulant fçauoir quelle fraction
de toife feront 4 pieds $\frac{1}{5}$; ie reduits iceluy nombre en fa fraction,
comme auffi les parties cogneuës de la toife ,qui eft de 6 pieds, &
viendront pour l'vn 21,& pour l'autre 30: tellement que 4 $\frac{1}{5}$ pieds
valent $\frac{21}{30}$ ou $\frac{7}{10}$ d'vne toife. Pareillement pour fçauoir quelle fraction de liure valent 12 fols 6 deniers ; ie reduis cefte fomme en deniers,comme auffi les 20 fols de la valeur de la liure,& viennent 150
d'vn cofté,& 240 de l'autre: parquoy 12 fols 6 deniers reduits en
fraction de liure, valent $\frac{150}{240}$ ou $\frac{5}{8}$.

Des fractions de fractions.

CHAP. IX.

VEv qu'il n'y a fi petite partie d'ĕtier, qui ne puiſſe encore eſtre uiſée en autres plus petites parties, les fractions peuuent eſtre diuiſées en tant de parties qu'on veut ; & c'eſt ce qu'on appelle fra-ction de fraction : & ſi ces dernieres particules ſont derechef diui-ſées en autres plus petites parcelles, elles ſerõt fraction de fraction de fraction , & ainſi conſecutiuement de particules en particules. Comme ſi d'vn entier diuiſé en quatre parties on en prend ſeule-ment les trois, ce ſeront $\frac{3}{4}$, qui eſt vne ſimple fraction : mais ſi de ces $\frac{3}{4}$ on prend les $\frac{2}{3}$, ce ſeront $\frac{2}{3}$ de $\frac{3}{4}$ de l'entier, qui ſeront appel-lez fraction de fraction ; & ſi de ces $\frac{2}{3}$ de $\frac{3}{4}$ on prend la moitié, on prend la moitié, on aura $\frac{1}{2}$ de $\frac{2}{3}$ de $\frac{3}{4}$, qui s'appelleront fractions de fractions de fractions ; & ainſi des autres parties de parties en deſ-cendant tant qu'on voudra.

Or quand on rencontre en quelque operation ces fractions de de fractions, elles doiuent eſtre reduittes en ſimple fraction com-me il enſuit. Multipliez tous les numerateurs entr'eux, & ce qui prouiendra d'icelle multiplication ſera le numerateur de la ſimple fraction : puis multipliez auſſi tous les denominateurs, & en vien-dra le denominateur cherché. Pour exemple, voulant reduire en ſimple fraction $\frac{3}{4}$ de $\frac{4}{5}$, ie multiplie les numerateurs entr'eux, & viennent 12 pour le numerateur de la ſimple fraction : ie multiplie pareillement les denominateurs, & viennent 20, pour le denomi-nateur de ladite fraction cherchée, qui partant ſera $\frac{12}{20}$ ou $\frac{3}{5}$. Soit derechef propoſé à reduire en vne ſimple fraction $\frac{4}{5}$ de $\frac{5}{6}$ de $\frac{3}{4}$; Ie multiplie les numerateurs entr'eux, & viennent 60 pour le nume-rateur de la fractiõ ſimple; puis ie multiplie auſſi les denominateurs entr'eux, & viennent 120 pour le denominateur de ladite fraction cherchée, qui partant ſera $\frac{60}{120}$, ou bien $\frac{1}{2}$.

De l'addition

De l'addition des fractions.

CHAPITRE. X.

SI les fractions sont de semblable denomination, nous adjouste-rons les numerateurs ensemble, & sera faict le numerateur: & quant au denominateur, il sera tel qu'il estoit: Comme pour exem-ple, voulant adjouster $\frac{2}{7}$ & $\frac{3}{7}$, nous adjousterons les numerateurs 2 & 3, & seront 5, souz lesquels nous poserons le denominateur 7, & sera $\frac{5}{7}$: Semblablement la somme de $\frac{5}{12}$ & $\frac{1}{12}$, sera $\frac{6}{12}$ ou $\frac{1}{2}$; & faisant le mesme de $\frac{7}{15}$ & $\frac{13}{15}$, viendront pour la somme d'iceux $\frac{20}{15}$, qui reduits, donnent $1\frac{1}{3}$. Mais si les fractions sont de diuerse denomination, nous les reduirons premierement à vne mesme de-nomination, puis nous les adjousterons comme dessus: voulans donc adjouster $\frac{2}{3}$ & $\frac{1}{4}$ ensemble, nous les reduirons en vne mesme denomination, comme il appert icy, & seront $\frac{8}{12}$ $\frac{3}{12}$, & les nume-rateurs estans adioustez ensem-ble, ce serõt $\frac{11}{12}$. Pareillement vou-lant adjouster $\frac{1}{2}$, $\frac{3}{4}$, $\frac{1}{3}$, & $\frac{2}{5}$, nous les reduirons en mesme denomi-nation, comme il appert en ceste formule, & serõt $\frac{60}{120}$ $\frac{90}{120}$ $\frac{40}{120}$ $\frac{48}{120}$; puis apres soient adjoustez ensemble les numerateurs 60,90,40, & 48, & viendront 238, qui sont plus que le denominateur 120 ; c'est

$$\begin{array}{cc} 8 & 3 \\ \hline \frac{2}{3} \;\mathrm{X}\; \frac{1}{4} \\ \hline 12 \end{array}$$

$$\begin{array}{cccc} 60 & 90 & 40 & 48 \\ \hline \frac{1}{2}\;\mathrm{X}\;\frac{3}{4}\;\mathrm{X}\;\frac{1}{3}\;\mathrm{X}\;\frac{2}{5} \\ \hline 120 \end{array}$$

pourquoy ces 4 fractions proposées valent plus d'vn entier: nous diuiserons donc 238 par 120, & viendront $1\frac{118}{120}$, ou plustost $1\frac{59}{60}$, pour la somme desdites fractions.

Or s'il y auoit des entiers & fractions à adjouster, il faudroit pre-mierement adjouster lesdites fractions, & puis apres les entiers, ob-seruant que si de l'addition des fractions il prouient entiers & fractions, il faudra poser les fractions souz les fractions, & porter les entiers auec les entiers. Comme pour exemple, voulant adjou-ster ensemble $42\frac{2}{3}$, $54\frac{3}{4}$, & $71\frac{5}{6}$; Ie dispose lesdites sommes ainsi

F

qu'il appert icy, puis i'adjoufte
les trois fractions enfemble, &
trouue qu'elles valent $\frac{27}{12}$, c'eſt à
dire 2 entiers $\frac{1}{4}$: Ie poſe donc $\frac{1}{4}$
ſouz les fractions, & retient les 2
entiers, que i'adioufte aux entiers, & viennent 169 : tellement
que le tout eſt 169 $\frac{1}{4}$.

$$
\begin{array}{r}
4\,2\quad \frac{2}{3} \\
5\,4\quad \frac{3}{4} \\
7\,1\quad \frac{1}{6} \\
\hline
1\,6\,9\quad \frac{1}{4}
\end{array}
\qquad
\frac{8\quad 9\quad 10}{12}
$$

On pourroit encore en ſemblables additions diſpoſer les ſommes auec la valeur des fractions, comme il appert en ceſte autre
exemple, où ayant recogneu que
le nombre 20 eſt meſuré par tous
les denominateurs des fractions
propoſées; ie prēds d'iceluy nombre les parties denottées par leſdites fractions, & les poſe à dextre d'icelles, puis ie les adioufte

$$
\begin{array}{r|r}
4\,2\quad \frac{1}{2} & 1\,0 \\
4\,5\quad \frac{3}{4} & 1\,5 \\
7\,2\quad \frac{4}{5} & 1\,6 \\
\hline
1\,4\,2\quad \frac{1}{20} &
\end{array}
$$

enſemble, & viennent 41, dont le denominateur eſt ledit nombre
20; parquoy ce ſeroit 2 entiers & $\frac{1}{20}$: ie poſe donc $\frac{1}{20}$ au deſſouz des
fractions, & adioufte les 2 entiers auec tous les entiers, & viennent
142. $\frac{1}{20}$ pour toute la ſomme de l'addition.

Que ſi pluſieurs fortes de monnoyes eſtoient propoſées à adiouſter enſemble, comme les ſuiuantes.

Apres auoir tiré vne ligne deſſouz, i'adioufte enſemble les nombres des plus petites eſpeces qui
font en cet endroit, les deniers,
& la ſomme d'iceux eſt 25, leſquels
ie reduits en l'eſpece prochainement plus grande que celle que
i'ay à adioufter, qui eſt en cet endroit des ſols, & ie trouue que 25
deniers valent 2 ſols & 1 denier:

132 liures,	15 ſols,	3 den.	
450 l.	12 ſ.	4 d.	7
75 l.	10 ſ.	7 d.	
47 l.	19 ſ.	11 d.	7
706 l.	18 ſ.	1 d.	

Ie poſe donc 1 denier au deſſouz de la ligne vis à vis des deniers, &
retient 2 ſols, que i'adioufte à tous les nombres du rang des ſols, &
viennent 18 : Ie poſe 8 au deſſouz de la ligne, & garde la dixaine que
i'adioufte auec les dixaines des ſols, & viennent 5 : & d'autant que
l'eſpece prochainement plus grande eſt liure, pour chacune deſ-

quelles faut deux dixaines de fols, les fufdites 5 dixaines feront 2 liures & 1 dixaine: Ie pofe donc 1 au deffouz de la ligne, & adioufte
2 auec les liures: & acheuant tout ainfi qu'aux nombres entiers, ie
trouue que toutes les fommes fufdites font enfemble 706 liures 18
fols 1 denier.

Que fi diuerfes mefures eftoient auffi propofées à adioufter enfemble comme les fuiuãtes, nous
tirerions vne ligne au deffouz,
puis adioufterions enfemble
les plus petites efpeces, fçauoir eft les poulces: & trouuant
que la fomme d'iceux eft 20, qui
font 1 pied & 8 poulces, ie pofe

75 toif.	5 pieds,	7 poul.	8
52 toif.	4 p.	9 p.	
7 toif.	2 p.	4 p.	8
136 toif.	0 pieds	8 poulces.	

au deffouz de la ligne les 8 poulces, & adioufte le pied auec tous les
pieds: & trouuant que la fomme d'iceux eft 12, qui font precifémẽt
2 toifes, ie pofe au deffouz de la ligne vn 0, & adioufte 2 toifes auec
toutes les toifes; & ayant acheué comme aux nombres entiers,
ie trouue que toutes ces mefures & quantitez propofées font enfemble 136 toifes 8 poulces.

Nous adioufterons encore icy vne exemple touchant les poids:
eftans propofez à adioufter les diuers poids cy deffouz, ie tire vne
ligne au deffouz, puis-i'adioufte
enfemble les plus petites parties,
fçauoir les gros; & trouuant que
la fomme d'iceux eft 17, qui font 2
onces & 1 gros, ie pofe 1 au deffouz de la ligne, vis à vis des gros,
& adioufte les 2 onces auec les
onces: & trouuant que la fomme

1 27 liures	1 2 onces	4 gros.	
3 4 2.	1 3.	5.	7
7 5.	8.	2.	
1 0 9.	14.	6.	7
656 liu.	1 once	1 gros.	

d'iceux eft 49, qui valent 3 liures & 1 once, ie pofe 1 au deffouz de la
ligne, vis à vis des onces, & adioufte les 3 liures auec toutes les liures; & ayant adioufté icelles comme aux nombres entiers, ie trouue que la fomme de l'addition de tous les poids propofés, eft 656
liures 1 once 1 gros.

Or ce que deffus eftant bien entendu, fe pourront aifément ad-
iouffer toutes autres fortes de fractions, de quelques denominations qu'elles foient.

Preuue de l'addition des fractions.

QVANT à la preuue, elle se doit faire par la soustraction; & neantmoins ceux qui l'ignorent pourront s'ayder de la preuue de 9, aux additions des monnoyes, poids & mesures, faisant comme il ensuit. En l'exemple des monnoyes cy dessus, les 9 estans ostez de toutes les liures proposées, restent 2, que ie double (d'autant qu'vne liure est 20 s. dont la preuue est 2; & partant pour chasque liure restante, faut retenir 2) & font 4, qui adioustez aux sols, & les 9 ostez, restent 6, que ie triple (pource que la preuue d'vn sol est trois) & font 18, qui sont 2 fois 9, & partant ne reste rien: & ayant osté les 9 des deniers, restẽt 7, que ie pose au bout d'vne ligne, comme il appert à l'exemple. En apres nous osterons semblablement les 9 des liures de dessouz la ligne, & resteront 4, que ie double, & font 8, que i'adiouste aux sols: & les 9 ostez, restent aussi 8, que ie triple, & font 24, dont les 9 estans ostez, restent 6, que i'adiouste à 1 denier, & sont 7, que ie pose à l'autre bout de la ligne: & puis que les deux nombres sont semblables, ie dis que l'addition est bien faicte.

Quant à l'autre exemple des mesures, faisant tout ainsi que dessus (excepté qu'il faut multiplier par 6 le reste trouué aux toises) sera trouué 8, tant aux sommes proposées, qu'à la somme de l'addition; & partant ladite addition est aussi bien faicte.

Pour l'exemple des poids, ie multiplie par 7 ce qui reste aux liures; & par 8 ce qui reste aux onces; quoy faisant, ie trouue 7, tant aux sommes proposées à adiouster, qu'à la somme de l'addition; parquoy ie dis que l'addition est aussi bien faicte.

De la soustraction des fractions.

CHAPITRE XI.

SI les fractions ne sont de semblable denomination, il les y faut premierement reduire, puis oster le plus petit numerateur du plus grand, & poser dessouz ce qui restera, le commun denominateur: Comme pour exemple, si nous voulons oster $\frac{2}{7}$ de $\frac{5}{7}$, nous osterons 2 de 5, à raison qu'elles sont de semblable denomination, & resteront 3, souz lequel nous poserõs le denominateur 7, & nous aurons $\frac{3}{7}$ pour le reste de la soustraction : mais si nous voulons soustraire $\frac{1}{2}$ de $\frac{4}{5}$, nous les reduirons premierement en semblable denomination par la multiplication croisée, & seront $\frac{5---8}{10}$; puis nous osterons 5 de 8, & resteront $\frac{3}{10}$.

Mais s'il faut oster vne fraction d'vn entier, il faut soustraire le numerateur du denominateur, & poser le reste au dessus dudit denominateur, & oster vn des entiers : Comme pour exemple, voulãt oster $\frac{5}{7}$ de 9 entiers, ie soustrais 5 de 7, & reste 2, souz lequel ie pose 7, & oste 1 des entiers; & partant $\frac{5}{7}$ estans ostez de 9 entiers, restent 8 entiers & $\frac{2}{7}$.

Et si du mesme 9 ie voulois oster $5\frac{3}{7}$, i'emprunterois vn entier sur iceluy 9 pour en oster les $\frac{3}{7}$, & resteroiēt $\frac{4}{7}$; & puis les 5 entiers estans aussi ostez, resteroit en tout $3\frac{4}{7}$.

Mais si d'entiers & fractions, il ne faloit soustraire que des entiers, resteroient tousiours les fractions; comme si de $4\frac{1}{5}$ ie voulois oster 2, ie soustrairois seulement 2 des 4 entiers, & resteroient encore 2, auec lesquels ie ioindrois la fraction; & par ainsi 2 estans ostez de $4\frac{3}{5}$, resteront $2\frac{3}{5}$.

Que s'il faut oster des fractions, d'entiers & fractions, nous soustrairons les fractions des fractions, empruntant vn entier s'il est besoin : Comme pour oster $\frac{3}{4}$ de $5\frac{1}{4}$, nous osterons 3 de 5, c'est à dire $\frac{3}{4}$ de $\frac{5}{4}$, empruntant vn entier, & restent $\frac{1}{2}$ auec 4 entiers : Mais voulãt oster $\frac{5}{7}$ de $8\frac{1}{3}$, nous reduisons les fractions en mesme denomination, & sont $\frac{15---7}{21}$: & d'autant que 15 ne peuuent estre ostez de 7, i'emprunte 1 entier qui vaut icy 21, & sont 28, desquels i'oste 15, & restent $\frac{13}{21}$; & partant $\frac{5}{7}$ estans ostez de $8\frac{1}{3}$, restent $7\frac{13}{21}$.

Que s'il faut soustraire des entiers & fractions d'entiers & fractions, nous osterons premierement les fractions des fractions, puis les entiers des entiers : Comme pour exemple, voulant soustraire $2\frac{1}{3}$ de $5\frac{2}{3}$, i'oste premierement $\frac{1}{3}$ de $\frac{2}{3}$, & reste $\frac{1}{3}$, & puis apres 2 entiers de 5 entiers, & restent 3 entiers : & partant $2\frac{1}{3}$, ostez de $5\frac{2}{3}$,

$$5\frac{2}{3}$$
$$2\frac{1}{3}$$
$$\overline{3\frac{1}{3}}$$

restent $3\frac{1}{5}$. Voulant aussi soustraire $3\frac{1}{2}$ de $7\frac{4}{5}$, i'oste premierement $\frac{1}{2}$ de $\frac{4}{5}$, & restent $\frac{3}{10}$; puis apres i'oste 3 entiers de 7 entiers, & restent 4: & partant $3\frac{1}{2}$ estans ostez de $7\frac{4}{5}$, restent $4\frac{3}{10}$. Pareillement voulãt soustraire $2\frac{4}{5}$ de $7\frac{1}{3}$, i'oste premierement $\frac{4}{5}$ de $\frac{1}{3}$, empruntant 1 entier, & restent $\frac{8}{15}$: mais ostant 2 entiers de 6 entiers, restent 4 entiers: & partant $2\frac{4}{5}$, estans ostez de $7\frac{1}{3}$, restent $4\frac{8}{15}$.

$$\begin{array}{r|l} 7\frac{4}{5} & 8 \\ 3\frac{1}{2} & 5 \\ \hline 4\frac{3}{10} & \end{array}$$

$$\begin{array}{r|l} 7\frac{1}{3} & 20 \text{ cecy est } \frac{4}{3} \\ 2\frac{4}{5} & 12 \\ \hline 4\frac{8}{15} & \end{array}$$

Que si plusieurs sortes de monnoyes, poids & mesures estoient proposées à soustraire, nous escririõs la somme à soustraire au dessouz de celle de laquelle il faut soustraire, en sorte que le nombre d'vne quantité soit souz le nombre d'vne quantité de mesme espece: Comme pour exemple, voulant soustraire 152 liures 12 sols 4 deniers, de 475 liures 17 sols 2 deniers, nous poserons ces deux sommes en ceste sorte.

475 *l.*	17 *s.*	2 *d.*
152.	12.	4 *d.*
323 *l.*	4 *s.*	10 *d.*

Puis ayant faict vne ligne au dessouz, nous osterons premierement le nombre de la plus petite espece, sçauoir est 4 deniers de 2 deniers, empruntant vn entier de l'espece suiuante, qui est vn sol, valant 12 deniers, & restent 10 deniers, que ie pose au dessouz de la ligne vis à vis des deniers: puis venant aux sols, nous osterons 12 de 16, (car 17 ne vaut plus que 16, attendu que nous auons emprunté 1,) & restent 4, que nous posons au dessouz de la ligne: mais est à noter que si nous n'eussions peu oster 12 du nombre superieur, nous eussions emprunté vne liure, c'est à dire 20 sols, que nous eussions adjousté au nombre superieur pour faire la soustraction: maintenant nous soustrairons les liures des liures, tout ainsi qu'il a esté enseigné aux nombres entiers, & ce faisant resteront 323 liures 4 sols 10 deniers, la soustraction proposée estant faicte.

Qu'il faille aussi soustraire 4 liures 7 onces 5 gros 2 deniers, de 12

liures 4 onces 2 gros 1 denier: Ayant diſpoſé ces deux ſommes, ainſi
qu'il appert icy, & tiré vne ligne
droicte au deſſouz, i'oſte premierement 2 deniers d'vn denier, empruntant 1 gros qui vaut 3 deniers,
& partant reſtent 2 deniers que ie
poſe au deſſouz de la ligne, vis à

12 *liures* 4 *onces* 2 *gros* 1 *denier.*			
4.	7.	5.	2.
7.	12.	4.	2.

vis deſdits deniers: puis venant aux gros, ie leue 5 de 1 (car le 2 ne
vaut plus que 1) empruntant vne once qui vaut 8 gros, & reſtent 4
gros que ie poſe au deſſouz d'iceux: Ce faict, i'oſte 7 onces de 3 onces (car le 4 ne vaut plus que 3) empruntant vne liure qui vaut 16
onces, & reſtent 12, que ie poſe au deſſouz: & finablemēt ayant oſté
les 4 liures des 11 liures reſtantes, nous aurons pour tout le reſte de
la ſouſtraction 7 liures 12 onces 4 gros 2 deniers.

Soient encores propoſées 7 toiſes 4 pieds 9 poulces, à ſouſtraire
de 12 toiſes 3 pieds 5 poulces, nous diſpoſerons donç ces deux ſommes en ceſte façon.

Et ayant faict vne ligne au deſſouz, i'oſte 9 poulces de 5 poulces, empruntant 1 pied, & reſtent
8 poulces, que ie poſe au deſſouz
de la ligne: puis i'oſte 4 pieds de

12 *toiſes* 3 *pieds* 5 *poulces*		
7.	4.	9.
4 t.	4 p.	8 p.

2 pieds, empruntant vne toiſe, & reſtent 4 pieds: & finalement i'o-
ſte 7 toiſes de 11 toiſes, & reſtent 4 toiſes: & partant toute la ſouſtraction propoſée eſtant faicte, reſtent 4 toiſes 4 pieds 8 poulces.

Soient encores propoſez 25 degrez 42 minuttes 15 ſecondes, à
ſouſtraire de 79 degrez 23 minuttes 50 ſeçondes, nous diſpoſerons
donç ces deux ſommes ainſi.

Et ayāt tiré vne ligne au deſſouz,
i'oſte 15 ſecondes de 50, & reſtent
35, que ie poſe au deſſouz de la ligne, puis i'oſte 42 minuttes de 23,
empruntant 1 deg. c'eſt à dire 60

79 *degr.* 23. *min.* 50 *ſec.*		
25.	42.	15.
53 *degr.* 41 *min.* 35. *ſec.*		

min. & reſtent 41 min. & finalement i'oſte 25 degrez de 78, & reſtēt
53, & partant tout le reſte de la ſouſtraction eſt 53 degrez 41 minut.
35 ſecondes.

Quant à la preuue de ceste regle, elle se faict tout ainsi que celle
de la souftraction des entiers, sçauoir est, adjouftât la somme à sou-
ftraire & le reste ensemble, ou bien oftant tous les 9 d'icelles deux
sommes, obseruant ce que nous auons dit au chap. precedent, touchant les diuerses especes.

De la multiplication des fractions.

CHAPITRE XII.

SOIT que les fractions ayent semblable denomination, ou diuerse, il faut tousiours multiplier les numerateurs entr'eux, &
les denominateurs aussi entr'eux :
Comme pour exemple, voulant
multiplier $\frac{1}{2}$ par $\frac{3}{4}$, nous multiplierons 1 par 3, & feront 3 pour nu-
merateur : puis 2 par 4, & feront 8
pour le denominateur, & le pro-
duit sera $\frac{3}{8}$: derechef voulãt multiplier $\frac{2}{3}$ par $\frac{3}{5}$, ie multiplie 2 par 3,
& font 6 : mais 3 par 5, & font 15 :
& partant le produit sera $\frac{6}{15}$, ou $\frac{2}{5}$.

$$\frac{3}{\frac{1}{2} \; par \; \frac{3}{4} \; font \; \frac{3}{8}}{8}$$

$$\frac{6}{\frac{2}{3} \; par \; \frac{3}{5} \; font \; \frac{6}{15} \; ou \; \frac{2}{5}}{15}$$

Que s'il faut multiplier des entiers par des fractions, il faudra
seulement multiplier les entiers par le numerateur des fractions, &
le produit aura pour denominateur celuy des fractions : Comme
pour exemple, voulant multiplier 3 entiers par $\frac{4}{5}$, ie multiplie 3 par 4,
& viennent 12, dont 5 est denominateur : & partant font $\frac{12}{5}$, ou 2 $\frac{2}{5}$.
On fera encore le mesme en apposant 1 au dessouz des entiers en
ceste sorte $\frac{3}{1}$: & par ainsi nous aurons maintenant ces deux fractiõs
$\frac{3}{1}, \frac{4}{5}$ à multiplier entr'elles, comme en l'article precedent, & viendront tousiours $\frac{12}{5}$: car multipliant les deux numerateurs 3 & 4,
viennent 12, & puis les deux denominateurs 1 & 5, font 5, & ainsi
tout le produit de la multiplication sera $\frac{12}{5}$ ou 2 $\frac{2}{5}$.

Mais s'il faut multiplier des entiers & fraction par entiers, il faudra reduire les entiers en leur fraction, puis faire comme dessus ; ou
bien multiplier la fraction separémēt, & les entiers aussi separémēt,
& le tout adioufté ensemble, donnera le requis : Comme pour
exemple,

exemple, voulant multiplier $4\frac{1}{2}$ par 5, ie reduits 4 en sa fraction, & sont $\frac{9}{2}$, que ie multiplie par 5, & viennent $\frac{45}{2}$, ou $22\frac{1}{2}$: & la mesme somme sera encore produite, multipliant les entiers entr'eux, sçauoir est 4 par 5, puis $\frac{1}{2}$ aussi par 5, & les deux produits ioints ensemble. Qu'il faille encore multiplier 25 par $7\frac{2}{3}$: ie multiplie donc premierement 25 par les 7 entiers, & viennent 175, puis aussi par les $\frac{2}{3}$; ce que ie fais prenant seulement les deux tiers desdicts 25, comme il appert icy : & adjoustât le tout ensemble viennent $191\frac{2}{3}$, pour le produit d'icelle multiplication de 25 par $7\frac{2}{3}$.

$$
\begin{array}{r}
5 \\
4\ \tfrac{1}{2} \\
\hline
20 \\
2\ \tfrac{1}{2} \\
\hline
22\ \tfrac{1}{2}
\end{array}
$$

$$
\begin{array}{r}
25 \\
7\ \tfrac{1}{3} \\
\hline
175 \\
8\ \tfrac{1}{3} \\
8\ \tfrac{1}{3} \\
\hline
191\ \tfrac{1}{3}
\end{array}
$$

Que s'il y a des entiers & fractions à multiplier par entiers & fractions, il ne faudra que reduire les entiers en leurs fractions, puis faire comme dit est cy dessus: Comme pour exemple, voulant multiplier $5\frac{1}{2}$ par $3\frac{1}{4}$, ie reduits les entiers en leurs fractions, & sont $\frac{11}{2}$, & $\frac{13}{4}$, que ie multiplie entr'eux, & font $\frac{143}{8}$, ou $17\frac{7}{8}$: & partant $5\frac{1}{2}$ multipliez par $3\frac{1}{4}$, produisent $17\frac{7}{8}$.

Or d'autant que la multiplication des monnoyes, poids & mesures est fort vsitée, nous-nous estendrons vn peu plus sur ceste regle que nous n'auons faict sur les autres, enseignant premierement ce qui est du general d'icelle, & puis apres quelques regles & obseruations particulieres, suiuāt lesquelles on multiplie bien plus promptement, que par les regles & maximes generales; qui est ce qu'on appelle ordinairement regles briefues. Or pour la regle generale de multiplication des diuerses especes, c'est qu'il faut reduire toute somme de diuerses especes en la moindre d'icelles, comme il est enseigné au chap. 8. puis apres multiplier comme aux entiers, & ce qui viendra sera le requis, qu'il faudra reduire en ses plus grandes especes. Pour exemple, si quelque somme, comme 152 liures 12 sols 4 deniers, est proposée à multiplier par 7, nous reduirons toute la

fomme en deniers, qui eſt la moindre eſpece, & viendront 36628 deniers, que nous multiplierons par 7, & viendront 256396, qui eſtans
reduits donneront 1068 li. 6 ſ. 4 d. pour le produit de la multiplication. Ou bien ayant diſpoſé la ſomme propoſée, & le multiplicateur en ceſte ſorte, ie multiplie premierement les 4 deniers, & font
28, qui font 2 ſols & 4 deniers : & partant ie poſe 4 deniers au deſſouz d'vne ligne, & retient en me-
moire les 2 ſols, puis ie multiplie
les 12 ſols, & font 84, auſquels i'adiouſte les 2 que i'ay gardé, & font
86, qui font 4 liures & 6 ſols : ie poſe les 6 ſols au deſſouz de la ligne,
& garde les 4 liures : & finalement ie multiplie les liures, adjouſtant

$$152\,l. \quad 12\,ſ. \quad 4\,d. \qquad 4$$
$$7 \qquad 7+7$$
$$4$$
$$1068\,l. \quad 6\,ſ. \quad 4\,d.$$

au produit les 4 que i'ay gardé à part, & font 1068 liures comme
deuant. Soit encore propoſé l'exemple ſuiuant.

Quelqu'vn ayant achepté de la vaiſſelle d'argent peſant 32 marcs 5
onces 16 deniers, à raiſon de 21 liures 12 ſols 6 deniers le marc, on deman-
de combien il doit payer pour toute la vaiſſelle ? Premierement nous
reduirons l'vne & l'autre ſomme en ſa moindre eſpece, & viendrõt
pour l'vne 6280, & pour l'autre 5190 : leſquels deux nombres eſtans
multipliez entr'eux, donnent 32593200, qui eſt le produit cherché;
mais pour l'exprimer il le faut reduire és eſpeces des monnoyes
propoſées; & pour ce faire il faut bien conſiderer par quels nombres on a multiplié, reduiſant chaſque ſomme propoſée en ſa moindre eſpece; car ces meſmes nombres eſtans multipliez entr'eux, &
puis vn produit par l'autre, viendra le denominateur du nombre
trouué : Comme cy deſſus, pour reduire la ſomme du multiplicãde
en ſa moindre eſpece, nous auõs multiplié par 8, & puis par 24; multiplions donc ces deux nombres entr'eux, & viendront 192 : mais
pour reduire la ſomme du multiplicateur en ſa moindre eſpece,
nous auons multiplié par 20, & puis par 12; ie multiplie donc ces
deux nombres entr'eux, & viennẽt 240, que ie multiplie par les 192,
& viẽnẽt 46080, pour le denominateur du produit trouué 32593200,
ſelon la plus grande eſpece du multiplicateur, qui partant vaudra
707 liures 6 ſols 4 deniers $\frac{1}{4}$: mais qui voudroit auoir la denomination ſelon la moindre eſpece du multiplicateur, il ne faudroit que
prendre le produit des nombres par leſquels on a multiplié, redui-

fant le multiplicande en ſa moindre eſpece, qui ſera icy 192 : tellement que diuiſant noſtre nombre trouué 32593200 par leſdits 192,
viendront pour la valeur d'iceluy 169756$\frac{1}{4}$ deniers, qui reduits en
plus grandes eſpeces, donneröt comme deuant 707 liures 6 ſols 4$\frac{1}{4}$
deniers pour la valeur des 32 marcs 5 onces 16 deniers d'argent, à raiſon de 21 liures 12 ſols 6 deniers le marc. La meſme queſtion & infinies autres ſeront reſoluës bien plus promptement par les regles
briefues qui enſuiuent.

Regles briefues.

LEs regles briefues ſont certaines multiplications que les marchands appellent ainſi, à cauſe que par icelles ils multiplient
fort briefuement la quantité de la marchandiſe par ſon prix, afin de
ſçauoir à tant vne choſe combien pluſieurs. Et pour bien pratiquer
ces regles, il faut conſiderer que quand on dit à 5 ſols l'aulne, combien valent 32 aulnes, ce n'eſt autre choſe que chercher vn nombre
qui ſoit telle partie de 32, que 5 ſols eſt d'vne liure; & veu qu'à vne
liure l'aulne, les 32 aulnes vaudroient 32 liures, il s'enſuit qu'à 5 ſols,
qui eſt le quart d'vne liure, les 32 aulnes ne vaudront que le quart
de 32, c'eſt à dire huict liures, & ainſi de toutes autres choſes. Parquoy pour expedier toutes ſemblables queſtions, il n'y a qu'à prendre du nombre des choſes telle ou telles parties que le prix
d'vne d'icelles ſera partie d'vn ſol, ou d'vne liure : Ainſi pour
6 deniers, qui eſt la moitié d'vn ſol, il n'y a qu'à prendre la
moitié du nombre des choſes, & ce qui en prouiendra ſeront
ſols : pour 4 deniers, qui eſt le tiers d'vn ſol, il faudra prêdre le tiers :
pour 3 deniers, le quart ; & pour 2 deniers, la ſixieſme. Mais pour les
autres nombres moindres que 12, & qui ne ſont parties aliquotes
d'iceluy nombre, c'eſt à dire qui ne meſurent pas 12 preciſément, il
faudra conſiderer de quelles parties aliquottes ils ſont compoſez,
& prendre telles parties du nombre des choſes; leſquelles eſtans adiouſtées enſemble, donneront le requis : Comme pour 9 deniers, il
faudroit prendre la moitié pour 6, & puis le quart pour 3 ; & ces
deux produits eſtans adjouſtez enſemble, donneroient le requis; &
pour 8, il faudroit prendre le tiers pour 4, & iceluy poſer deux fois,
& ainſi des autres parties, obſeruāt que quand il reſte quelque choſe, chaſque vnité vaut autant que la partie priſe; ce que nous rendrons manifeſte par les exemples ſuiuans.

43 aulnes *à 4 den. l'aul.*		*54 aul.* *à 7 den.*		*35 figures* *à 10 den. piece.*	

$\frac{1}{3}$	1 4 *ſ.* 4 *den.*	$\frac{1}{3}$ $\frac{1}{4}$	1 8 *ſ.* 1 3 *ſ.* 6 *den.*	$\frac{1}{2}$ $\frac{1}{2}$ $\frac{1}{3}$ 1 7 *ſ.* 6 *den.* 1 1. 8.

3 1 *ſ.* 6 *d.*	2 9 *ſ.* 2 *den.*

Quant aux grands nombres, où le produit peut eſtre en liures,
ſols & deniers, il faut pour le plus brief retrancher la derniere figure vers dextre du nombre des choſes propoſées, puis prendre du reſte telle ou telles parties que le nombre du prix ſera partie de 2 4 deniers, & ce qui en prouiendra ſeront liures; mais quant au reſte, il le
faudra reduire en ſols & deniers, ainſi qu'il eſt dit cy deſſus, & comme il appert aux deux exemples ſuiuans.

7 5|2 aulnes *à 9 deniers*		*2 4 5|7 plumes* *à 1 1 den. piece.*	

$\frac{1}{4}$ $\frac{1}{3}$ *ou* $\frac{1}{2}$	1 8 *liu.* 16 *ſ.* 9. 8.	$\frac{1}{2}$ $\frac{1}{8}$	8 1 *liu.* 1 8 *ſ.* 3 0. 1 4 *ſ.* 3 *den.*

2 8 *liu.* 4 *ſ.*	1 1 2 *liu.* 1 2 *ſ.* 3 *den.*

Mais pour multiplier par ſols en nombre moindre que 2 0, & faire venir des liures au produit, il faut prendre telle ou telles parties
du nombre à multiplier qu'iceux ſols ſont partie d'vne liure: tellement que pour 1 0 ſols, il faudra prendre la moiⱦié du nombre à
multiplier; pour 5 ſols le quart; pour 4 ſols le quint; pour 2 ſols la
dixieſme partie; & pour 1 ſol la moiⱦié de la dixieſme partie; c'eſt
à dire qu'ayant retranché la derniere figure vers dextre, la moiⱦié
des autres donnera le requis, obſeruant en toutes ces operations
que chaſque vnité reſtante vaudra autant de ſols que le nombre
multiplicateur, comme il appert aux exemples ſuiuans.

423 *aulnes*	5247 *cartes*	42 5|9 *figures*
à 10 ſ. l'auln.	à 4 ſ. piece	à 2 ſ. piece.

¼ 211 *liu.* 10 ſ.	⅕ 1049 *liu.* 8 ſ.	1/10 425 *liu.* 18 ſ.

De ce dernier exemple eſt manifeſte, que pour multiplier par ſols en nombre pair, il en faut prendre la moictié, afin de les conuertir en pieces de 2 ſols; puis par le nombre d'icelle moictié, multiplier la premiere figure du multiplicande, retenant les dixaines en la memoire, & le double de l'autre figure ſeront ſols: en apres ſoient multipliées toutes les autres figures par ledit nombre des pieces de 2 ſols, y adjouſtant les dixaines gardées en la memoire, & ce qui en prouiendra ſerōt liures, ainſi qu'il appert aux deux exēples ſuiuans.

524 *aulnes*	753 *figures*
à 8 ſ. l'aul.	à 14 ſ. piece.

209 *liu.* 12 ſ.	527 *liu.* 2 ſ.

Pour les autres nombres de ſols qui ne ſont parties aliquottes de la liure, il faudra prendre les parties ſelon leſquelles on pourra diuiſer iceluy nombre propoſé en parties aliquottes, ou autres nombres pairs, puis on adjouſtera les produits en vne ſomme, comme il appert aux exemples ſuiuans.

72 *aulnes*	451 *fig.*	175 *aulnes*
à 9 *ſols*	à 13 *ſols*	à 19 *ſols*

¼ 18 *liu.*	⅕ 90 *li.* 4 ſ.	½ 87 *liu.* 10 ſ.
⅕ 14. 8 *ſols.*	90. 4.	¼ ou ½ 43. 15.
	¼ 112 15.	⅕ 3 5.

32 *liu.* 8 *ſols.*	293 *liu.* 3 ſ.	166 *liu.* 5 ſ.

Que ſi le nombre multipliant, c'eſt à dire le prix d'vne choſe, eſt compoſé de liures & ſols, ou bien de liures, ſols, & deniers, il faudra premierement multiplier par les liures, puis proceder auec les ſols & deniers, ainſi qu'il eſt dit cy deſſus, ou plus prōptement, ſi le nombre deſdits ſols & deniers fait quelque partie, ou parties de la liure, telles que les ſuiuantes.

Premierement pour 6 ſols 8 deniers, qui eſt le tiers d'vne liure, il faudra prendre le tiers du multiplicande, ou nombre des choſes propoſées: pour 3 ſ. 4 deniers, qui eſt $\frac{1}{6}$ de la liure, on prendra la ſixieſme partie du multiplicande: pour 2 ſ. 6 deniers, $\frac{1}{8}$: pour 13 ſ. 4 d. $\frac{1}{3}$, & le poſer deux fois: pour 12 ſ. 6 d. $\frac{1}{2}$, & puis $\frac{1}{4}$ de ce demy; & ainſi des autres parties aliquottes & aliquantes de la liure de 20 ſ. contenuës en la table ſuiuante, que les marchands appellent bordereau d'aulnage.

Bordereau d'aulnage compoſé ſur les parties de 20 ſols.

$\frac{1}{2}$	10 ſ.		$\frac{7}{8}$	17.	6.	$\frac{13}{16}$	16 ſ. 3 d.
$\frac{1}{2}$	6.	8 d.	$\frac{1}{12}$	1.	8.	$\frac{15}{16}$	18. 9.
$\frac{1}{3}$	13.	4.	$\frac{5}{12}$	8.	4.	$\frac{1}{6}$	10.
$\frac{1}{3}$	5.		$\frac{7}{12}$	11.	8.	$\frac{5}{24}$	4. 2.
$\frac{1}{4}$	15.		$\frac{11}{12}$	18.	4.	$\frac{7}{24}$	5. 10.
$\frac{1}{4}$	3.	4.	$\frac{1}{16}$	1.	3.	$\frac{11}{24}$	9. 2.
$\frac{1}{5}$	16.	8.	$\frac{3}{16}$	3.	9.	$\frac{13}{24}$	10. 10.
$\frac{1}{6}$	2.	6.	$\frac{5}{16}$	6.	3.	$\frac{17}{24}$	14. 2.
$\frac{1}{8}$	7.	6.	$\frac{7}{16}$	8.	9.	$\frac{19}{24}$	15. 10.
$\frac{1}{8}$	12.	6.	$\frac{9}{16}$	11.	3.	$\frac{23}{24}$	19. 2.
			$\frac{11}{16}$	13.	9.		

Ceſte table a eſté compoſée pour le ſoulagement des marchãds, & autres perſonnes, qui en leurs affaires & negoces ont beſoin à toute heure d'adjouſter, ſouſtraire, multiplier, & diuiſer en fractiōs, ou par diuerſes eſpeces de mōnoyes, poids & meſures: ce qu'on peut promptemēt faire à l'ayde de ceſte table, ainſi qu'il appert par ce que nous auons ia dit, & dirons encore cy apres. La liure a bien encore d'autres parties aliquottes & aliquantes que celles contenuës en ceſtedite table, mais on n'y a mis que les parties eſquelles on diuiſe ordinairement l'aulne, & pourra eſtre eſteduë en toutes les au-

tres parties, par ceux qui sçauront en pouuoir auoir besoin en leurs
affaires; qui mesme en pourront dresser d'autres sur les parties de la
liure de 15 ou 16 onces, ou sur le marc de 8 onces, selon qu'on iuge
en auoir besoin au negoce dont se mesle. Or i'estime que deux
ou trois exemples de ces multiplications par liures, sols & deniers,
suffiront pour l'intelligence de ce que dessus.

	92 qu. de 16 s. à 3 liu. 4 s.		723 escus à 3 liu. 15 s.		87 pistoles à 7 liu. 4 s.
	276 liu.		2169 liu.		609 liu.
$\frac{1}{5}$	18. 8 s.	$\frac{1}{2}$	361. 10 s.	$\frac{1}{5}$	17. 8 s.
		$\frac{1}{4}$ou$\frac{1}{2}$	180. 15.		
	294 liu. 8 s.		2711 liu. 5 s.		626 liu. 8 s.

	45 aulnes à 3 liu. 7 s. 6 d.		692 aulnes à 8 liu. 16 s. 8 d.
	125 liu.		5536 liu.
$\frac{1}{4}$	11 5 s.	$\frac{1}{2}$	346.
$\frac{1}{8}$ou$\frac{1}{2}$	5. 12. 6 d.	$\frac{1}{3}$	230. 13 s. 4 d.
	141 liu. 17 s. 6 d.		6112 liu. 13 s. 4. d.

Que si à l'vn ou l'autre des nombres qui se multiplient y a fraction, il faut, selon le numerateur d'icelle, prendre vne ou plusieurs
parties de l'autre nombre: Comme pour $\frac{1}{2}$, prendre la moictié; pour
$\frac{1}{3}$, prendre le tiers; pour $\frac{2}{3}$, en prendre les deux tiers à deux fois; pour
$\frac{1}{4}$, prendre le quart; pour $\frac{3}{4}$, prēdre la moictié, & puis encore la moictié d'icelle, ou le quart du tout; pour $\frac{5}{6}$, prendre la moictié, & le
tiers; & pour $\frac{5}{8}$, la moictié & le quart d'icelle, & ainsi des autres fractions: ce que nous rendrons assez manifeste par les exemples suiuans.

45 *aulnes* ½	52 *toifes* ⅔	26 *ll.* 3 *quarterons*.
à 3 liu. 14 f. 6.	à 2 l. 17 f. 4 d.	à 5 l. 8 f. 4 d.

135 l.	
22.	10 f.
9.	
1.	2 f. 6 d.
1.	17 f. 3.

169 l. 9 f. 9 d.

104 l.	
26.	
10.	8 f.
8.	13 f. 4 d.
	19 f. 1. ⅓
19.	1⅓

150 l. 19 f. 6⅔ d.

130 l.	
6.	10 f.
4.	6. 8 d.
2.	14 2.
1.	7. 1.

144 l. 17 f. 11 d.

Et fi à l'vn & l'autre nombre qui fe multiplient, il y auoit diuerfes efpeces, il n'y auroit qu'à multiplier les entiers entr'eux, & puis
prendre d'vn chacun d'iceux nombres la partie, ou parties corref-
pondantes aux parties de l'autre, fuiuant ce que nous auons dit cy-
deuant, & comme il apparoiftra aux exemples fuiuans.

39 *toifes*. 4 *pieds* 6 *poulces*	32 *marcs* 5 *on*. 16 *den*.
à 8 liu. 15 f. 6 d.	à 21 liu. 12 f. 6 den.

312 l.	
19.	10 f.
9.	15.
	19. 6 d.
4.	7. 9.
2.	3 10½

348 liu. 16 f. 1⅓ d.

32 liu.	
64	
16.	
4.	
10.	16 f. 3 den.
2.	14. 0¾
	18. 0¼
	18. 0¼

707 liu. 6 f. 4¼ den.

Or i'eftime que ce que nous auons dit cy deffus, touchant les regles briefues, & les exemples y adjointes eftans bien entenduës,
peuuent donner affez d'intelligence pour toutes autres ; c'eft pourquoy

quoy nous ne nous eſtẽdrons dauantage ſur ce ſujet, mais finirons
ce chapitre, diſant que pour la preuue de toutes multiplicatĩons,
elle ſe doit faire par la diuiſion operation contraire.

De la diuiſion des fractions.

CHAPITRE XIII.

SOIT que les fractions ayent ſemblable denomination, ou di-
uerſe, il faut touſiours multiplier en croix, c'eſt à dire le numerateur d'vne fraction par le denominateur de l'autre : & diuiſant le
produit du numerateur de la fraction à diuiſer par l'autre produit,
ſera dõné le quotient de la diuiſion des fractions propoſées: Com-
me pour exemple, voulant diuiſer $\frac{7}{8}$ par $\frac{2}{7}$, ie multiplie le numerateur 7 par le denominateur 7, &
font 49 : puis auſſi le numerateur
2 par le denominateur 8, & font
16, par leſquels ie diuiſe 49, & viẽ-
nent $3\frac{1}{16}$ pour le quotient de $\frac{7}{8}$,
diuiſez par $\frac{2}{7}$: auſſi $\frac{1}{2}$ diuiſé par $\frac{2}{3}$, donnera $\frac{3}{4}$.

$$\frac{7}{8}\,par\,\frac{2}{7} \quad \begin{matrix} 1 \\ 4\,9\,(3\frac{1}{16} \\ 1\,6 \end{matrix}$$

Mais s'il faut diuiſer des entiers par des fractions, ou au contraire, il faudra appoſer 1 au deſſouz des entiers, auec vne petite ligne
entre deux, puis proceder comme deſſus. Ainſi voulant diuiſer 7 par
$\frac{2}{3}$, ie les poſe ainſi qu'il appert icy :
& procedant comme dit eſt cy
deſſus, viennent $10\frac{1}{2}$ pour le quotient requis. D'autres veulẽt ſeu-
lement (& tout reuient à vn) multiplier les entiers par le denomi-

$$\frac{7}{1}\,par\,\frac{2}{3} \quad \begin{matrix} 2\,1\,(10\frac{1}{2} \\ 2\,2 \end{matrix}$$

nateur de la fraction ; c'eſt à dire, reduire les entiers en fraction, puis
diuiſer comme deſſus: Ainſi voulant diuiſer 4 par $\frac{1}{2}$, ie multiplie 4
par le denominateur 2, & font 8, que ie diuiſe par le numerateur 1,
& font touſiours 8 : & partant 4 diuiſez par $\frac{1}{2}$, donnent 8 : mais au
contraire $\frac{1}{2}$ diuiſé par 4, donne $\frac{1}{8}$: ainſi 5 diuiſez par $\frac{2}{3}$, donnent $7\frac{1}{2}$:
mais au contraire $\frac{2}{3}$ diuiſez par 5, donnent $\frac{2}{15}$. Ainſi auſſi 7 diuiſez
par $\frac{3}{4}$, produiſent $9\frac{1}{3}$ mais au contraire $\frac{3}{4}$ diuiſez par 7, donnent ſeulement $\frac{3}{28}$.

Que s'il y auoit des entiers auec des fractions, il faudroit redui-

re iceux entiers en leur fractiõ, puis faire comme deſſus. Ainſi vou-
lant diuiſer 5 par 2 $\frac{1}{2}$, ie reduits les 2 entiers en la fraction, & ſont $\frac{5}{2}$,
par leſquels ie diuiſe 5, & viennent 2, pour le quotient de 5, diuiſez
par 2 $\frac{1}{2}$: mais au contraire, diuiſant 2 $\frac{1}{2}$ par 5, viendra $\frac{1}{2}$. Ainſi voulant
diuiſer 4 $\frac{1}{2}$ par 2 $\frac{1}{3}$, ie reduits tous les entiers en leurs fractiõs, & ſont
$\frac{9}{2}$ & $\frac{7}{3}$, puis ie diuiſe $\frac{9}{2}$ par $\frac{7}{3}$, & vient 1 $\frac{13}{14}$. Ainſi auſſi voulant diuiſer
7 $\frac{1}{3}$ par 2 $\frac{1}{4}$, ie fais la reduction, & viennent $\frac{22}{3}$ & $\frac{9}{4}$, que ie diuiſe, &
viennent 3 $\frac{7}{27}$: & partant 7 $\frac{1}{3}$ diuiſez par 2 $\frac{1}{4}$, donnent 3 $\frac{7}{27}$.

Quant à la diuiſion des monnoyes, poids & meſures, elle ne viẽt
pas tant en vſage que la multiplication ; & pour la pratiquer, il faut
reduire le diuidande en vne ſeule eſpece, c'eſt aſſauoir en la moindre, comme auſſi le diuiſeur, puis proceder à la diuiſion ſelon qu'il
eſt dit aux entiers. Pour exemple, ſi quelque ſomme, comme 1068
liures 6 ſols 4 deniers, eſt propoſée à diuiſer à 7 perſonnes, nous reduirons toute la ſomme en deniers, & feront 256396 deniers, que
nous diuiſerons par 7, & viendront 36628 deniers, qui reduits, donneront 152 liures 12 ſols 4 deniers, & tel ſera le quotient de la diuiſion propoſée. Ce que nous ferons encor autrement, ſçauoir eſt, diuiſant les 1068 liures ſeparément, & viendront 152 liures, & reſterõt
4 à diuiſer, que ie reduits en ſols, & font 80, auec leſquels i'adiouſte
les 6 ſols, & font 86, que ie diuiſe pareillement par 7, & viennent 12:
mais reſtent encores 2 ſols, que ie reduits, & adiouſte aux 4 deniers,
& font 28 deniers, que ie diuiſe finalement par 7, & viennent preciſément 4 deniers: & partant tout le produit de la diuiſion eſt 152 liures 12 ſols 4 deniers, comme deuant.

Autre exemple: *Le contenu & ſuperficie d'vnĕ figure Rectangulaire
eſtant 256 toiſes 5 pieds 8 poulces, & l'vn des coſtez, 10 toiſes 2 pieds 6 poulces ; on demande combien contient l'autre coſté ?* Or d'autant qu'icelle ſuperficie eſt produite par la multiplication des deux coſtez, il eſt éui-
dent, que diuiſant ladite ſuperficie par le coſté cogneu, doit venir
au quotient l'autre coſté; c'eſt pourquoy il nous faut diuiſer 256
toiſes 5 pieds 8 poulces, par 10 toiſes 2 pieds 6 poulces; & pour ce
faire, nous reduirons l'vn & l'autre nombre en ſa moindre eſpece, &
viendront 18500 poulces pour le diuidande, & 750 pour le diuiſeur:
& là diuiſion faicte, viennent 24 toiſes $\frac{1}{3}$ ou 4 pieds pour le coſté
cherché.

De la regle de proportion, vulgairement ditte regle de trois.

CHAP. XIV.

LA regle de proportion eſt ainſi appellée, parce qu'il s'agit en icelle de quatre nombres proportionnaux, deſquels les trois premiers ſont cogneuz, & le quatrieſme incogneu eſt cherché : Le vulgaire l'appelle auſſi regle de trois, à cauſe qu'en icelle ſont poſez trois nombres ou termes cogneuz, au moyen deſquels on en cherche vn quatrieſme proportionnel : Les deux premiers termes ſont comme la baſe & le fondement d'icelle regle : car ils font vne raiſon, moyēnant laquelle s'en trouue vne autre ſemblable, dont l'antecedant eſt le troiſieſme terme, ou nōbre cogneu, & le conſequent eſt l'incogneu cherché; c'eſt à dire que comme le premier terme eſt au ſecond, ainſi faut-il que le troiſieſme, qui s'appelle le terme de la queſtiō, ſoit au quatrieſme qu'on cherche. Et pour bien pratiquer ceſte regle, il faut premierement diſpoſer les trois nombres cogneuz, en ſorte que celuy pour lequel ſe fait la queſtion, ſoit touſiours poſé au troiſieſme lieu ; mais au premier, celuy des deux autres nombres qui ſignifie meſme choſe, c'eſt à dire qui eſt ſemblable au troiſieſme; & celuy qui reſte au ſecond lieu, auquel doit eſtre ſemblable le quatrieſme qu'on cherche : puis ces nombres eſtans ainſi diſpoſez, le ſecond & troiſieſme ſoient multipliez entr'eux, & leur produit diuiſé par le premier, & le quotient ſera le quatrieſme nombre qu'on cherchoit, & qui ſatisfera à la queſtion propoſée, c'eſt à dire qu'à iceluy le troiſieſme nombre aura meſme raiſon que le premier au ſecond; le tout comme il appert aux exemples ſuiuans.

Vn homme ayant achepté 12 aulnes de ſerge qui luy couſtent 60 liures, il en veut encore auoir 17 aulnes au meſme prix; on demande combien il en doit payer? Il eſt manifeſte qu'en ceſte exemple la queſtion eſt annexée au nombre 17 aulnes; car on demande le prix d'icelles au reſpeᶜᵗ de celuy de 12 aulnes, qui eſt de ſemblable denomination, l'vn & l'autre eſtant denommé par aulnes : Parquoy les nombres de cet exemple demeureront poſez ainſi qu'on voit cy deſſouz.

Si 12 aulnes couſtent 60 liures,combien couſteront 17 aulnes? ℞ 85 liu.

Et multipliant les deux & troiſieſmes termes entr'eux,ſçauoir 60 & 17,viennent 1020,qui eſtans diuiſez par le premier nombre 12,le quotient ſera 85,qui eſt quatrieſme nôbre proportionnel cherché, lequel eſt ſemblable au ſecond, c'eſt à dire que comme le ſujet ou denomination du ſecond terme 60 eſt liure,ainſi auſſi la denomina-tion de ce quatrieſme nombre 85 ſera liure. Nous diſons donc que comme des 12 aulnes nous auons payé 60 liures , ainſi auſſi des 17 aulnes deuōs-nous payer 85 liures,y ayant meſme raiſon de 12 à 60, que de 17 à 85 : car comme le premier nombre 12 eſt la cinquieſme partie du ſecond 60 , ainſi auſſi le troiſieſme nombre 17 eſt la cin-quieſme partie du quatrieſme nombre trouué 85.

Soit encore propoſé ceſt exemple : *Quand le ſeptier de fromēt vaut 8 liures,le pain d'vn certain poids vaut 10 deniers; combien couſtera donc le pain de meſme poids,lors que le froment vaudra 12 liures le ſeptier?* Le nombre auquel eſt annexée la queſtion eſt 12 liures , qui doit eſtre poſé au troiſieſme lieu de la regle ; & le nombre ſemblable à iceluy eſt 8 liures,qui ſera au premier lieu de la regle; & partant l'exemple ſera poſée ainſi :

Si 8 liu.donnent 10 den.combien donneront 12 liures? ℞ 15 den.

Ce faiĉt, ie multiplie les deux & troiſieſme nombres entr'eux, ſçauoir 10 & 12,& viennent 120,que ie diuiſe par le premier nombre 8,& viennent au quotient 15,pour le quatrieſme nombre cherché, qui eſt ſemblable au ſecond , c'eſt à dire qu'il doit eſtre denommé de meſme que le ſecond; & partant comme le ſecōd terme eſt 8 de-niers,ainſi auſſi ce quatrieſme ſera 15 deniers : Car nous deuons te-nir pour maxime,que les trois termes cogneuz eſtans diſpoſez en ſorte, que le premier & le troiſieſme ſoient de ſemblable ſujet , le quatrieſme terme qu'on trouuera ſera auſſi ſemblable au ſecond.

Mais veu que les deux & troiſieſmes nombres de la regle de trois peuuent eſtre multipliez indifferemment l'vn par l'autre, auſſi peu-uent-ils eſtre poſez indifferemmēt l'vn au lieu de l'autre; c'eſt pour-quoy quelques-vns poſent les deux termes de meſme ſujet au pre-mier & ſecōd lieu de la regle de trois,& en ce faiſant, le quatrieſme qu'on trouue eſt de ſemblable denomination que le troiſieſme ; ce que nous rendrōs manifeſte par ceſte autre exemple,que nous ran-gerons ſelon l'vne & l'autre poſition.

Quelqu'vn ayant eu 250 *piques pour* 125 *liures, combien en aura-il encore pour* 74 *liures?* Il eſt manifeſte que ſuiuant la poſition ordinaire, ceſte exemple doit eſtre poſée ainſi.

Si 125 *liu.* donent 250 *piques, combien en donneront* 74 *liures?* ℞ 148 *piques.*

Et multiplians les ſecond & troiſieſme nombres entr'eux, viendront 18500, qui diuiſez par le premier terme 125, dönent 148 pour le quatrieſme terme cherché, qui ſera de meſme ſujet que le ſecöd; & partant pour 74 liures on doit auoir 148 piques, au meſme prix & prorata que 250 ont couſté 125 liures. Mais ſi on change les ſecond & troiſieſme termes, les deux premiers ſeront d'vn meſme ſujet, & la regle ſera poſée ainſi:

Si 125 *liu.* donnent 74 *liu.* combien donneront 250 *piques?* ℞ 148 *piques.*

Et procedant comme deſſus, viendra touſiours au quatrieſme nombre cherché 148, qui ſera de meſme denomination que le troiſieſme, c'eſt à dire 148 piques.

Il aduient quelquesfois que tous les termes ont meſme denomination, & ſignifient vn ſemblable ſuiet; mais cela ne peut apporter aucune difficulté, obſeruant ſeulement que le nombre auquel eſt annexée la queſtion, ſoit poſé au ſecond ou au troiſieſme terme: *Comme ſi quelqu'vn dit,* l'ay gaigné 12 *liures auec* 72 *liures; combien gaigneray-ie au prorata auec* 30 *liures?* Procedant comme dit eſt cy deſſus, ie trouueray que 30 liures doiuent gagner 5 liures, & les termes ſeront poſez comme il appert icy.

Si 72 *liu.* donnent 12 *liu.* combien en donneront 30 *liures?* ℞ 5 *liu.*

Auſſi quelquesfois tous les trois nombres cogneuz ſeront abſolus; comme ſi on demandoit vn nombre auquel 15 ait meſme raiſon que 5 à 4: & alors la regle ſeroit diſpoſée ainſi.

Si 5 *donnent* 4, *que donneront* 15? ℞ 12.

Or auparauant que paſſer plus outre, nous aduertirons icy l'apprentif, que pour s'exercer tant plus en ſes regles, & cognoiſtre par meſme moyen s'il aura bien fait ou non, il doit faire vne regle contraire à celle qu'il veut examiner, & ce en poſant au premier lieu le nombre qui eſtoit au troiſieſme; au ſecond le quatrieſme nombre trouué; & au troiſieſme celuy qui eſtoit au premier: & la regle faiſte, il faut que le quatrieſme trouué ſoit égal au ſecond de la regle qu'on examine, autrement on a failly. Comme pour exemple, voulant examiner la derniere regle cy deſſus, où i'ay trouué 12 pour quatriefme nombre proportionnel,ie difpofe la regle ainfi.

Si 15 *donnent* 12 *, combien donneront* 5 *?* ℞ 4.

Et ayant multiplié & diuifé côme dit eft,ie trouue 4, qui eft égal au fecond terme deladite regle,& partant ie concluds que l'operation a efté bien faiête. Autrement,& tout reuient à vn,il faut multiplier les premier & 4ᵉ nombres entreux, & puis auffi les fecond & troifiefme entr'eux, & l'vn produit eftant égal à l'autre, on iugera auoir bien faiêt,autrement non:Comme au mefme exemple,multipliant le quatriefme nombre trouué 12 par le premier 5,viênent 60; mais multipliant auffi le troifiefme nombre 15 par le fecond 4, viennent pareillement 60 : & partant ie concluds que l'operation a efté bien faiête,c'eft à dire qu'il y a mefme rapport & habitude de 5 à 4, que de 15 à 12.

Maintenant nous expliquerons les regles où arriuent des fraêtions,ou diuerfes efpeces à vn mefme terme. Premierement donc, fi à l'vn ou l'autre des premier & troifiefme nombres de la regle de trois,ou bien à tous les deux,il y a diuerfes efpeces, il les faudra reduire en vne mefme efpece,c'eft affauoir en la moindre,& puis proceder auec les nombres prouenus defdites reduêtiôs tout ainfi que deuant,car cela n'apportera aucune alteration au fecôd terme, que nous fuppofons toufiours eftre de femblable denomination, que celuy que nous cherchons en tous les exemples fuiuans.

Quelqu'vn ayant eu 8 *aulnes de ferge pour* 35 *liu.* 15 *f. combien en aura-il encore pour* 12 *liures?* Difpofant les termes de la queftion felô les preceptes cy-deuant enfeignez,ils feront pofez ainfi.

Si 35 *l.* 15 *f. donnent* 8 *aul. combien en donneront* 12 *l. ?*

Et à caufe qu'au premier terme il fe trouue deux efpeces,fçauoir liures & fols, il faut reduire en fols tant ce premier terme que le troifiefme, & puis la pofition de la regle fera comme il enfuit.

Si 715 *donnent* 8 *aulnes, combien en donneront* 240? ℞ 2 $\frac{118}{143}$ *aul.*

Et faifant la regle, on trouuera qu'on doit auoir 2 aulnes $\frac{118}{143}$.

Vn homme ayant achepté 6 *aulnes de drap qui luy couftent* 27 *l. il en veut encore auoir pour* 7 *l.* 17 *f.* 6 *den. on demande combien le marchand luy en doit donner?* Difpofant les termes felon la queftion,ils feront ainfi.

Si 27 *liu. donnent* 6 *auln. combien* 7 *l.* 17 *f.* 6 *d?*

Et pource qu'au dernier terme il y a diuerfes efpeces, il le faut reduire en vne feule,c'eft affauoir en denier,comme auffi le premier terme, & puis nous aurons les trois nombres de la regle tels qu'ils enſuiuent.

Si 6480 donnent 6 aul. combien 1890 ? ℞ 1 ¾ aul.

Vn Seigneur ayant achepté de la vaiſſelle d'argent qui peſe 52 marcs 3 on-ces 6 deniers, dont il a payé 1000 liures, il enuoye encore querir ſix plats qui peſent 12 marcs 5 onces; on demande combien il doit payer au prorata de la premiere ? Ie diſpoſe les termes de la queſtion ainſi qu'il appert icy.

Si 52 m. 3 onc. 6 d. couſtent 1000 l. combien 12 m. 5 onc. ?

Et pource qu'il y a diuerſes eſpeces és premier & troiſieſme nom-bres, il les faut reduire en la moindre d'icelles, qui ſont deniers de marc, & puis nous aurons les termes comme ils ſont cy deſſouz po-ſez, auec leſquels acheuất la regle, on trouuera que les ſix plats cou-ſteront 240 liu. 18 ſ. 1 d. $\frac{297}{555}$.

Si 10062 couſtent 1000 l. combien 2424 ? ℞ 240 l. 18 ſ. 1 d. $\frac{297}{555}$.

Mais lors qu'il ſe rencontrera auſſi diuerſes eſpeces au ſecond nombre, il le faudra reduire en la moindre, puis faire la regle, & ce qui viếdra au 4ᵉ nombre ſera en meſme eſpece que celle en laquel-le on aura reduit le ſecond, c'eſt pourquoy il le faudra reduire en la plus grande eſpece.

Vn homme pour 42 liu. 10 ſ. 6 d. a eu 7 aulnes de drap, duquel il en veut en-core auoir 5 aulnes; on demande combien elles luy couſteront au meſme prix ? Diſpoſant les termes de la queſtion ſelon leur vray ordre, ils ſeront comme enſuit.

Si 7 aul. couſtent 42 liu. 10 ſ. 6 d. combien couſteront 5 aul. ?

Et d'autant qu'il y a diuerſes eſpeces au ſecond terme, ie les re-duits en la moindre, ſçauoir eſt en deniers; puis ayant poſé les nom-bres comme il appert cy deſſous, & acheué la regle ſelon les prece-ptes d'icelle, ie trouue pour le quatrieſme terme cherché 7290, qui ſont des deniers, puiſque le ſecốd terme a eſté reduit en ceſte eſpe-ce; & partant ie reduits iceluy nombre, & viennent 30 liures 7 ſ. 6 d. autant couſteront donc les 5 aulnes propoſées.

Si 7 aul. couſtent 10206 d. combien 5 aul ? ℞ 30 l. 7 ſ. 6 d.

Derechef, *Quelqu'vn ayant eu 2 marcs 5 onces 3 gros d'argent pour 54 l. 14 ſ. 6 d. combien en aura-il encore pour 36 l. 9 ſ. 8 deniers ?* Diſpoſant les termes de ceſte queſtion ſelon leur ordre, ils ſeront comme en-ſuit.

Si 54 l. 14 ſ. 6 d. donnent 2 m. 5 on. 3 gros; combien 36 l. 9 ſ. 8 d. ?

Et d'autant qu'en tous les trois termes il y a diuerfes efpeces, il les faut reduire, fçauoir le premier & le troifiefme en deniers, & le fecond en gros; quoy faifant ils ferõt comme il appert cy deffouz; & la regle faicte, viendront 114, qui feront des gros, puifque le fecond terme a efté reduit en gros: Il faut donc reduire ces gros en plus grandes efpeces, & feront trouuées 14 onces 2 gros, c'eft à dire 1 marc 6 onces 2 gros, qu'on aura encore pour 36 liures 9 fols 8 deniers.

Si 13134 *donnent* 171 *g. combien* 8756? ℞ 1 *m.* 6 *on.* 2 *g.*

Voilà quant à ce qui concerne les diuerfes efpeces: Et pour le regard des fractions, ceux qui entendront bien la multiplication & diuifion d'icelles, n'y trouueront point de difficultez; neantmoins pour foulager les moins exercez éfdites fractions, & ofter toutes difficultez; nous dirons pour maximes generales, que quelconque terme de la regle de trois qui a des entiers & fraction, doit eftre premierement reduit en fa fraction; & puis fi c'eft le premier terme qu'on doit multiplier l'vn ou l'autre des deux autres, par le denominateur d'icelle fraction; & ceux-cy en ayant auffi, le premier terme fera multiplié par les denominateurs: quoy fait on procedera auec les produits, delaiffant lefdits denominateurs comme inutils: le tout comme il appert aux exemples fuiuans.

Quelqu'vn ayant achepté 7 *aulnes* ½ *de ferge, qui luy couftent* 32 *liu.* 15 *f. combien luy en coufteront encore* 12 *aulnes au mefme prix?* Or d'autant qu'au premier terme il y a fraction, ie le reduits en icelle, comme auffi le 3ᵉ. 12; & delaiffant le denominateur 4, ie procede comme deuant, obferuant que pour briefveté il n'eft befoin de reduire le fecond terme en fa moindre efpece, fi on ne veut, ains proceder par les preceptes des regles briefves enfeignées au chap. 12, le tout comme il appert cy deffouz.

Si 7 ¾ *aul. couftent* 32 *liu.* 15 *f. combien* 12 *aulnes?* ℞ 50 *l.* 14 *f.* 2 *d* $\frac{10}{31}$.

$$
\begin{array}{ccc}
31 & 48 & 4 \\
 & \overline{256} & \overline{48} \\
 & 128 & \\
 & 24 & \\
 & 12 & \\
\end{array}
$$

1572, *qui diuifez par* 31 *donnent* 50 *l.* $\frac{22}{31}$.

Vn

Vn homme ayant eu 8 $\frac{5}{12}$ *d'aulnes de drap pour* 92 *l. on demande combien il en aura au mesme prix pour* 18 *l.*8 *f.?* Il faut donc disposer les termes en leur propre lieu, & ce faisant il y aura fraction au second terme, c'est pourquoy il sera reduit en icelle, & aussi le premier, delaissant toutefois le denominateur 12, comme il appert cy dessouz.

Si 92 *l. donnent* 8 $\frac{5}{12}$; *combien* 18 *l.*8 *f. ?*

	12			20
	184	101		368
	92			
	1104			

22080—101—368. ℞ 1 *aul.* $\frac{41}{60}$.

Quelqu'vn ayant eu 12 *aulnes de toile pour* 40 *liu.*16 *f. on demande combien cousteront* 4 $\frac{5}{8}$ *auln. au mesme prix?* Les termes de ceste question seront posez comme il appert cy dessouz; & ayant reduit le dernier en sa fraction, & aussi le premier, sera procedé comme deuant.

Si 12 *aul. coustent* 40 *l.*16 *f. combien* 4 *aul.* $\frac{5}{8}$ *?*

	8	20		8
	96 —	816	—	37. ℞ 15 *l.*14 *f.*6 *d.*

Trouuer vn nombre auquel 12 *ait mesme raison que* 8 $\frac{1}{2}$ *à* 2 $\frac{5}{6}$. Il faut disposer les termes de la question ainsi qu'il appert cy dessouz, puis reduire les deux premieres en leurs fractions, & reciproquemét multiplier l'vn des produits ou numerateurs par le denominateur de l'autre terme: quoy faict les fractions seront comme entiers, auec lesquels sera paracheuée la regle comme il appert icy.

Si 8 $\frac{1}{2}$ *donnent* 2 $\frac{5}{6}$, *que donneront* 12 *?*

	17	17	
	6	2	
	102 —	34 —	12? ℞ 4.

I

Trouuer vn nombre auquel 12¾ *ait mesme raison que* 7 *à* 10½. Ayant disposé les termes de la question selon leur lieu conuenable, & reduit les deux derniers en leurs fractions, il faut multiplier le premier par les denominateurs desdites fractions, comme il appert cy des-souz, & puis acheuer la regle.

Si 7 *donnent* 10½, *que donneront* 12¾ ?

$$\begin{array}{ccc} 2 & & \\ \hline 14 & 21 & 51 \\ 4 & & \\ \hline 56 \longrightarrow & 21 \longrightarrow & 51? \; \text{R} \; 19\tfrac{1}{8}. \end{array}$$

Trouuer vn nombre auquel 19⅛ *ait mesme raison que* 10½ *à* 7. Il faut disposer les termes selon que la question le requiert, & il se trouue-ra des fractions au premier & dernier terme, c'est pourquoy il les faut reduire en leursdites fractions, puis multiplier reciproquemēt chasque produit ou numerateur par le denominateur de l'autre terme, & auec ce qui en viendra, comme entiers, soit parachtuée la regle; le tout comme il appert icy.

Si 10½ *donnent* 7, *que donneront* 19⅛ ?

$$\begin{array}{cc} 21 & 153 \\ 8 & 2 \\ \hline 168 \longrightarrow 7 \longrightarrow & 306? \; \text{R} \; 12\tfrac{3}{4}. \end{array}$$

Trouuer vn nombre auquel 10½ *ait mesme rapport & habitude que* 19 *à* 12¾. Soient premierement disposez les termes de la question en leur vray lieu: & d'autant qu'il y a des fractions à tous les trois ter-mes, iceux estans reduits en leursdites fractions, soit multiplié le premier par les denominateurs des deux autres, & l'vn de ceux-cy par le denominateur du premier, puis acheuer la regle selon la voye des entiers.

Si 19⅛ *donnent* 12¾, *que donneront* 10½ ?

$$\begin{array}{ccc} 153 & 51 & 21 \\ 4 & 8 & \\ \hline 612 & 408 & \\ 2 & & \\ \hline 1224 \longrightarrow & 408 \longrightarrow & 21? \; \text{R} \; 7. \end{array}$$

Or d'autant que les exemples rendent les preceptes clairs & faciles à pratiquer, & que de ceste regle de trois, ou de proportion, en
despendent infinis autres, nous-nous sommes vn peu estendu sur ce
sujet, donnant des exemples en toutes les façons & positions que
nous auons estimé qu'elles peuuent arriuer: tellement que l'apprē-
tif n'aura maintenāt plus de sujet de doubter, veu qu'outre les preceptes, il trouuera icy vne exemple semblable à quelconque qui luy
sera proposée.

Quant aux briefvetez qu'on peut apporter à quelque regle de
trois (comme quand il se rencontre que le premier terme est mesuré, on mesure le second ou le troisiesme) nous n'en dirons rien, veu
que les choses iusques icy expliquées, estans bien entenduës, il sera
facile à vn chacun de cognoistre, & operer par les regles briefves
qu'il verra estre plus promptes & faciles pour trouuer la chose requise.

De la regle de trois rebourse.

CHAPITRE XV.

CESTE regle de trois est appellée rebourse ou renuersée, parce que la raison des termes d'icelle est toute contraire à celle
des termes de la regle de trois directe enseignée au chap. precedēt:
Car il appert assez par tous les exemples y rapportez, qu'il y a tousiours mesme raison du premier nombre au secōd, que du troisiesme au quatriesme; & partant que si le premier est plus grand que le
troisiesme, aussi le second sera plus grand que le quatriesme; & si
moindre, moindre: Mais on peut proposer quelques questions, où
la raison sera toute contraire; c'est à dire que le premier terme estāt
plus grand que le troisiesme, le second doit estre moindre que le
quatriesme; & le premier estant moindre que le troisiesme, le second deura estre plus grand que le quatriesme. Pour exemple: *Le
septier de froment valant 6 liures, le pain d'vn certain prix pese 12 onces; on
demāde combien pesera le pain de mesme prix, lors que le froment ne vaudra plus que 4 liures?* Or tu vois clairement, que d'autant que le bled
couste moins, d'autant le pain d'vn mesme prix doit estre plus pesant; & toutefois si on suiuoit la regle directe, il peseroit moins.

I ij

2. *Semblablement vn homme ayant fait faire vn habit auec huict aulnes de serge, qui n'auoit que $\frac{2}{3}$ de large; on demande combien il luy faudra d'vne autre serge qui ait vne aulne de large pour faire vn autre habit ?* Or les plus grossiers sçauent fort bien, que d'autant qu'vne estoffe est plus large, d'autant en faut-il moins pour faire leurs habits, & neantmoins on trouueroit suiuant la regle directe qu'il en faudroit plus.

Or puisque en ces exemples, & autres semblables, la raison des termes est contraire & renuersée à celle de la regle de trois directe, il s'ensuit que la maniere d'operer en ces exemples, est aussi contraire à celle des exemples de ladite regle directe : Parquoy il faut icy multiplier les premier & second termes entr'eux, & diuiser le produit par le troisiesme, & viendra au quotient le quatriesme nombre requis. Comme au premier exemple cy dessus, ayāt disposé les termes comme il appert icy,

Si 6 l. donnent 12 onc. combien 4 l. ? R 18 onces.

Ie multiplie les premier & second termes entr'eux, sçauoir 6 & 12, & viennent 72, que ie diuise par le dernier terme 4, & viennent 18 : parquoy ie dis que lors que le bled vaudra 4 liu. le pain pesera 18 onces. En l'autre exemple les termes estans posez comme ils sont icy,

Si $\frac{2}{3}$ donnent 8, que donneront 1 ? R 5 $\frac{1}{3}$ aulnes.

Ie multiplie les premier & second termes entr'eux, sçauoir $\frac{2}{3}$ & 8, & viennent $\frac{16}{3}$, ou simplement 16, delaissant le denominateur, ayant multiplié par iceluy le troisiesme terme 1, qui font 3, par lesquels ie diuise 16, & viennent 5 $\frac{1}{3}$, pour la quantité de la serge qu'il faut à faire l'habit proposé.

Or afin de tant plus esclaircir ce qui est de ceste regle, & oster toutes difficultez à l'apprentif, nous ioindrons encore icy plusieurs exemples & questions, qui feront recognoistre la difference de celles esquelles on doit operer selon la regle de trois rebourse, à celles-là ausquelles sert la directe.

3. *Vne ville est assiegée, en laquelle y a certain nombre de soldats, à chacun desquels on distribue 18 onces de pain par iour, quoy faisant n'y a des viures que pour 40 iours, & neantmoins il n'y a point d'esperance que le siege puisse estre leué deuant deux mois; c'est pourquoy il faut retrancher vne partie de la nourriture de chacun soldat : on demande donc combien d'onces de pain on leur pourra distribuer par iour, afin que les viures durēt iusques à deux mois.*

Pour fouldre cefte queftion, ie la pofe ainfi qu'il appert cy deffouz, pofant 60 iours pour les deux mois: & puis ie confidere que
felon la regle directe, le 4ᵉ nombre incogneu viendroit plus grand
que le fecond; mais le fens commun me fait cognoiftre qu'il doit
eftre plus petit, puis que vne mefme quantité de perfonnes doiuent
eftre nourris durant 60 iours des viures qui ne leur eftoiët que pour
40. Parquoy i'opere felon les preceptes de la regle rebourfe; c'eft à
dire que ie multiplie les premier & fecond nombres entr'eux, &
viennent 720, que ie diuife par le dernier nombre 60, & viennent
au quotient 12, qui monftrent qu'en donnant 12 onces de pain par
iour à chacun foldat, ils pourront eftre nourris en ladite ville l'efpa-
ce de 60 iours.

    Si 40 donnent 18 onc. combien donneront 60 ? ℞ 12 onces.

4. *Il y a 6000 foldats en garnifon dans vne ville, qui n'a des viures que
pour 40 iours, & neantmoins il n'y en peut venir d'autres deuant 60 iours,
ny ne peut-on aufsi diminuër la nourriture de chacun foldat; parquoy on eft
contraint d'en licencier vne partie, afin que le refte puiffe eftre nourry en ladite ville durant ledit temps de 60 iours: on demande donc combien le Gou-
uerneur en doit licentier.*

Ayant difpofé les nombres de la queftion chacun en fon propre
lieu, ie recognois que fuiuant l'operation de la regle de trois directe, comme le troifiefme terme de la queftion eft plus grand que le
premier; aufsi le quatriefme cherché viendroit plus grand que le
fecond; & toutesfois ie fçay qu'il doit eftre moindre: Parquoy operant par le contraire, ie multiplie les premier & fecond termes entr'eux, & viennent 240000, que ie diuife par le dernier nombre, &
viennent 4000 au quotient, qui monftrët que 4000 hommes peuuent eftre nourris dans ladite ville pendant les 60 iours, & par con-
fequent qu'il en faut licencier 2000.

Si 40 iours nourriffët 6000 hom. combien en nourrivöt 60 iours? ℞ 4000.

5. *D'vne tapifferie qui a 2 aul. ½ de large, il en faut 25 aul. pour tapiffer vne
chambre: affauoir combien il faudroit d'autre tapifferie de 3 aul. ¼ de large
pour tapiffer la mefme chambre?*

Il eft manifefte que d'autant plus la tapifferie eft large, d'autant
moins nous en faudra-il; c'eft pourquoy ayant pofé les termes de la
queftion, ainfi qu'ils font cy apres, nous procederons par la regle
de trois rebourfe, & trouuerons qu'il faudra 19 aulnes 1/13 de ladite

                  I iij

tapiſſerie, qui a 3 $\frac{1}{4}$ de large pour tapiſſer la chambre propoſée.

Si 2 $\frac{1}{2}$ donnent 25 , combien donneront 3 $\frac{1}{4}$?

	5		1 3
	4		2
20	—	25	——	26. ℞ 19 aul. $\frac{3}{13}$.

6. *Vn homme ayant emprunté d'vn autre* 200 *liures, luy rend au bout de* 6 *mois, & en outre luy preſte* 140 *liures ; on demande combien de temps ce-ſtuy-cy ſe doit ſeruir deſdites* 140 *liures pour égaler l'intereſt.*

Il appert qu'on doit operer en ceſte queſtion ſelon la regle de trois rebourſe, car ſuiuant la droicte on trouueroit moins de ſix mois, & il eſt certain qu'on doit trouuer dauantage : parquoy ayant poſé les nombres de la queſtion en leur ordre, ie multiplie les premier & ſecond termes entr'eux, & diuiſe le produit par le dernier, & viennent 8 mois 17 iours $\frac{1}{7}$, pour le temps que l'intereſt de 140 liures équipolera l'intereſt de 200 liures pendant 6 mois.

Si 200 *donnent* 6 *mois ; combien donneront* 140 *?* ℞ 8 *mois* 17 *iours* $\frac{1}{7}$.

7. *Quelqu'vn ayant preſté à vn autre* 300 *liures pendant* 6 *mois : aſſauoir combien ceſtuy-cy doit preſter à l'autre par l'eſpace de quatre mois pour égaler l'intereſt.* Poſons les nombres de la queſtion en leur ordre, & puis conſideré que la regle de trois droicte n'eſt conuenable en cet endroit ; nous procederons ſelon la rebourſe, & trouuerons que le premier doit preſter 450 liures pendant 4 mois, pour égaler l'intereſt des 300 liures qu'il a eu pendant 6 mois.

Si 6 *donnent* 300 *liu. combien donneront* 4 *?* ℞ 450 *liures.*

Or nous auõs dit en la regle de trois directe, que le produit du premier terme par le dernier, doit eſtre égal au produit du ſecond par le troiſieſme, autrement l'operation auroit eſté mal faicte ; mais en ceſte-cy, le produit des deux premiers nõbres multipliez entr'eux, doit eſtre égal au produit des deux derniers auſſi multipliez entr'eux, ſinon l'operation ſera mal faicte : comme au dernier exemple cy deſſus, les deux premiers termes 6 & 300 eſtans multipliez entr'eux, produiſent 1800 ; mais les deux derniers 4 & 450 eſtans auſſi multipliez entr'eux, produiſent nombre égal 1800 : parquoy ie dis que l'operation a eſté bien faicte.

De la regle de trois composée.

CHAPITRE XVI.

IL y a quelques regles de proportion qui ont plus de trois termes cogneuz; mais neantmoins entre iceux y en a toufiours trois principaux, defquels defpendent les autres qui leur font adioints, pour denotter, ou quelque temps, ou gain ou perte: & ces regles où cela arriue, font appellées regles de trois compofées, pource qu'alors il faut operer par deux ou trois regles de trois, ou biē multiplier chaque nombre principal par fon adjoint, afin de les reduire tous à trois nombres cogneuz, par lefquels on paruiendra à la cognoiffance du quatriefme ignoré.

Plufieurs Arithmeticiens diftinguent cefte regle de trois compofée en trois efpeces; la premiere defquelles ils appellent regle double, à caufe (difent-ils) qu'elle contient deux regles de trois directe: La feconde eft celle qu'ils appellent compofée, pource qu'elle eft compofée, tant de la regle de trois directe, que de la rebourfe: & ces deux efpeces ont toufiours cinq termes cogneuz, defquels refulte vn fixiefme terme incogneu: mais la troifiefme efpece eft appellée regle conjoincte, pource qu'elle conjoinct tant de regles de trois qu'on veut en vne: elle a bien quelquesfois cinq termes cogneuz, comme les deux precedentes, mais le plus fouuent elle en a fept, & aucunesfois 9, & plus.

Or fans nous arrefter à ces diftinctions, nous expliquerons icy diuerfes queftions, au moyen defquelles i'eftime qu'on pourra foudre toutes autres femblables queftions deppendantes de la regle de trois, compofée fouz quelques efpeces qu'on les vueille prendre.

1. *Si* 300 *liures en* 4 *mois gagnent* 12 *liures, combien gagneront* 200 *liures en* 16 *mois* ? Or il appert qu'il y a cinq termes en cefte queftion, defquels les fecond & cinquiefme font ioints auec ceux qui les precedent, & pour les reduire tous 4 à deux feulement, nous multiplierons chacun defdits antecedents par fon adjoint, & viendront à l'vn 1200, & à l'autre 3200, & ces deux nombres auec le troifiefme 12, feront maintenant les trois termes cogneuz d'vne regle de trois directe, auec lefquels on trouuera le quatiefme proportionnel qui

fera le requis, tellement qu'en toutes telles queſtions il n'y a qu'à
multiplier les deux premiers termes entr'eux, & auſſi les trois derniers entr'eux, & ce produit eſtant diuiſé par celuy-là donnera la
choſe requiſe, comme il appert icy.

Si 300 *l. en* 4 *m. g.ig.* 12 *l. combien gagneront* 200 *en* 16 *m ?* ℞ 32 *l.*

```
      4              200
  ───────         ───────
   1200            2400
                     16
                  ───────
                  14400
                   2400
```

diuiſez 38400 *par* 1200, *viennent* 32 *l. pour le gain de*
200 *liures pendant* 16 *mois.*

Nous auons dit que telles queſtions ſe peuuent ſouldre, non ſeulement par la maniere cy deſſus, mais auſſi par deux regles de trois,
la premiere deſquelles on doit diſpoſer ainſi.

Si 300 *liu. gagnent* 12 *liu. combien gagneront* 200 *l ?* ℞ 8 *l.*

Et ayant trouué que puiſque 300 liures gagnent 12 liures, 200
liures gagneront 8 liures, on fera ceſte ſeconde regle.

Si en 4 *mois ie gagne* 8 *l. combien gagneray-ie en* 16 *mois ?* ℞ 32 *l.*

Voilà donc comme par ces deux regles de trois il vient la meſme
ſomme 32 liures, que par la premiere maniere cy deſſus. Et puis que
ceſte queſtion ſe reſoult par deux regles de trois directes, elle eſt
de celles qui tombent ſouz la regle double, mais en voicy vne de la
compoſée, qui ſeruira comme de preuue à la precedente.

2. *Si* 300 *liures en* 4 *mois gagnent* 12 *liures, quelle ſomme baillera* 32 *li-*
ures de gain en 16 *mois ?*

Pour ſouldre telles queſtions par vne ſeule regle, il faut premierement diſpoſer les 5 termes ſelon l'ordre cy deſſouz, puis multiplier les premier & dernier termes entr'eux, & viendront 192,
puis auſſi les trois termes du milieu, & viendront 38400, qui diuiſez par l'autre produit 192, donnent 200 pour le nombre cherché, c'eſt à dire que tout ainſi que 12 liures ſont l'intereſt de 300 l.
durant 4 mois, auſſi 32 l. ſeront l'intereſt de 200 l. pendant 16 mois,
comme il appert en l'operation ſuiuante.

Si 12 *liures*

Si 12 l. viennent de 3 0 0 l. en 4 m. d'où viendront 32 l. en 16 m? ℞ de 200 l.

16	32
72	600
12	900
192	9600
	4

diuisez 3 8 4 0 0 *par* 192, *donnent* 200 *liures.*

Qui voudra souldre ceste question par deux operations, on dira premierement,

Si 12 L. de gain viennent de 300 l. d'où viendrõt 32 l. de gain? ℞ de 800 l.

Et la regle faicte viendront 800 liures pour le principal de 32 liures d'interest, pendant les 4 mois que 300 liures ont gagné 12 liures; mais nous demandions vne somme qui ne bailla lesdits 32 liures de gain qu'en 16 mois: d'où appert que ceste somme sera beaucoup moins que 800 liures, & pour la trouuer, nous fermerons ceste autre regle de trois.

Si de 800 l. se gag. certaine som. en 4 m. de cõbien se gag. pareille som. en 16 m?

Il est certain qu'on doit icy operer selõ la regle de trois rebourse, & suiuant icelle on trouuera 200 : parquoy nous disons que de 200 liures viendront 32 liures de gain pendant 16 mois, au respect de ce que 300 liures donnent 12 liures durant 4 mois. Sur ce sujet on pourroit encore former la question en ceste sorte.

3. Si 300 liures gagnent 12 liures en 4 mois, en combien de temps 200 liures gagneront-elle 32 liures? Ceste question, & toutes autres semblables, ne se peuuent reduire à vne simple regle de trois, parce que le temps pendant lequel 200 liures doiuent gagner 32 liures, est incogneu; & partant 200 liures ne peuuent estre multipliez par iceluy, ainsi qu'il est necessaire : Parquoy il faut proceder par deux regles de trois, la premiere desquelles on disposera ainsi.

Si 300 l. gagnent 12 l. combien gagneront 200 l.? ℞ 8 l.

Et la regle faicte, on trouuera que 200 liures gagneront 8 liures en mesme temps que 300 liures en gagnent 12, c'est à dire durant 4 mois: & pour sçauoir maintenant en combien de temps lesdites 200 liures en gagnerõt 32, nous formerõs ceste autre regle de trois.

K

Si 8 *l. de gain viennent de* 4 *mois, d'où viendront* 32 *l. de gain?* ℞ *de* 16 *mois.*

Et l'operation faicte, nous trouuerons 16 mois:parquoy nous difons que 200 liures en 16 mois gagneront 32 liures, eu égard à ce que 300 liures en 4 mois gagnent 12 liures. On pouuoit aussi fouldre cefte queftion par deux autres regles de trois, dont la premiere feroit inuerfe, & l'autre directe, qui feroient difpofées en cefte forte.

Si 300 *l. donnent* 4 *mois, combien donneront* 200 *l?* ℞ 6 *mois.*

Si 12 *l. de gain vienent en* 6 *mois, en combiẽ de temps viẽdrõt* 32 *l?* ℞ *en* 16 *m.*

Et ces deux regles eftans faictes, nous trouuerons comme deuãt 16 mois pour le fixiefme terme incogneu cherché.

4. *Vn marchand ayant payé* 300 *liures pour le port & voicture de* 450 *liures pefant de marchandife, amenée de* 260 *lieuës; on demande combien coufteront au mefme prix* 600 *liures pefant amenées de* 350 *lieuës?* Il faut premierement difpofer les termes de la queftion en leur ordre, comme il appert cy deffouz.

Si 450 *lb.* 260 *lieuës couftent* 300 *l. comb.* 600 *lb.* 350 *lieuës?* ℞ 538 *l.* $\frac{6}{13}$.

Puis nous multiplierons les deux premiers termes entr'eux, & viendront 117000; & auffi les trois derniers termes entr'eux, & viẽdront 63000000 que ie diuife par le produit des deux premiers 117000, & viendront au quotient 538 $\frac{6}{13}$: parquoy ie dis que 600 liures pefant amenées de 350 lieuës coufteront de port 538 l. $\frac{6}{13}$, eu efgard à ce que 450 lb. amenées de 260 lieuës, ont coufté 300 liures. Si on vouloit fouldre ladite queftion par deux regles de trois, elles feroient difpofées ainfi qu'il enfuit, difant premierement,

Si 450 *lb. couftent de port* 300 *l. combien en coufteront* 600 *lb?* ℞ 400 *l.*

Et cefte regle faicte, on trouuera que les 600 lb. de marchandifes eftans amenées de 260 lieuës coufteroient 400 l. mais d'autant qu'elles ont efté amenées de 350 lieuës, nous dirons par vne feconde regle de trois;

Si le port de 260 *lieuës coufte* 400 *l. comb. couftera-il de* 350 *lieuës?* ℞ 538 *l.* $\frac{6}{13}$.

Et la regle faicte on trouuera 538 liures $\frac{6}{13}$ comme deuant. Or on pourroit diuerfifier tant cefte queftion que les autres fuiuantes, en changeant les 5 termes cogneuz, ainfi que nous auons fait cy deuant; mais la briefveté que nous recherchons tant qu'il nous eft poffible, fera caufe que nous delaiffons cela à ceux qui le voudront faire, pour s'exercer tant plus en telles queſtions.

5. _Si_ 12 _hommes en_ 4 _iours deſpencent_ 24 _liures, combien deſpenceront_ 18 _hommes en_ 6 _iours?_ Les termes ſont icy poſez en leur vray lieu, c'eſt pourquoy il n'y a qu'à multiplier les deux premiers entr'eux, & viẽdront 48; puis auſſi les trois derniers, & viendront 2592, qui diuiſez par les 48, donneront 54. Parquoy 18 hommes deſpenceront 54 liures en 6 iours, à raiſon que 12 hommes deſpencent 24 liures en 4 iours.

6. _Si_ 12 _moiſſonneurs moiſſonnent_ 16 _arpens de bled en_ 8 _iours, en combien de temps_ 15 _moiſſonneurs en moiſſonneront-ils_ 20 _arpens?_ Il eſt icy beſoin de deux regles de trois, dont l'vne ſera rebourſe, parce que d'autant plus qu'il y a de moiſſonneurs, d'autãt faut-il moins de temps : Nous dirons donc premierement,

_Si à_ 12 _moiſſŏneurs il faut_ 8 _iours, combiẽ en faudra-il à_ 15? ℞ 6⅖.

Operant icy ſelon la regle inuerſe, on trouuera que 15 moiſſonneurs feront en 6 iours ⅖, ce que 12 font en 8 iours, c'eſt aſſauoir 16 arpens. Ce faict nous ferons ceſte autre regle de trois.

_Si_ 16 _arpẽs ſont moiſſŏnés en_ 6 _iours_ ⅖, _en combiẽ le ſerŏt_ 20 _arpẽs?_ ℞ 8 _iours._

Faiſant ceſte regle, on trouuera 8 iours: tellement que nous dirõs que 15 moiſſonneurs feront autant de temps à moiſſonner 20 arpens de bled, que 12 moiſſonneurs feront à en moiſſonner 16 arpens.

Or tous les exemples cy-deſſus ſont rangez ſouz les deux premieres eſpeces de la regle de trois compoſée, mais nous finirõs ce chap. par vne exemple de celles qu'on attribue à la regle conioinĉte troiſieſme eſpece d'icelle regle compoſée, les termes de laquelle doiuẽt eſtre tellement diſpoſez que le dernier (qui eſt le terme de la queſtion) ſoit denommé comme le premier, & le terme que l'on cherche, comme le penultieſme; mais de ceux qui ſont entre le premier & le penultieſme, le ſecond ſera dénommé comme le troiſieſme, & le quatrieſme comme le cinquieſme; & ainſi des autres conſecutiuement tant qu'il y en aura, comme il appert icy.

7. _Si_ 100 _lb. poids de Paris font_ 116 _lb. poids de Lyon, & _110 _lb. poids de Lyon font_ 100 _lb. au poids de Flandre, ſçauoir combien_ 356 _lb de Paris_

vaudront au poids de Flandre ? Pour refouldre telles queſtions, tous
les termes doiuent eſtre diſpoſez en trois, mettant au premier lieu
tous les antecedents les vns deſſouz les autres; au ſecond lieu
tous les conſequens auſſi l'vn ſouz l'autre; & au troiſieſme lieu le
nombre de la queſtion : Ce faict, il faut multiplier le nombre de la
queſtion , & les conſequens enſemblément , puis diuiſer le produit
par celuy des antecedents multipliez entr'eux ; & ce qui viendra au
quotient ſera le terme requis: diſpoſons donc les termes de la queſtion en ceſte ſorte:

$$Si \begin{cases} 100\ lb.\,de\,Paris\ font\ 116\ lb.\,Lyon \\ 110\ lb.\,Lyon\ valẽt\ 100\ lb.\,Flãd. \end{cases} de\ comb.\ en\ feront\ 356\ lb.\,Paris.$$

$$11000 \quad \text{———} \quad 11600 \text{ —— } 356. \quad ℞\ 375\ lb.\tfrac{23}{55}\ Flandre.$$

Et ayant multiplié les deux antecedents entr'eux viendront
11000 , & auſſi les deux conſequens entr'eux , le produit eſt 11600,
qui multipliez par le terme de la queſtion 356, donnent 4129600,
qui diuiſez par le produit des antecedents , viennent au quotient
375 lb.$\tfrac{23}{55}$ pour la valeur & reductiõ de 356 lb. poids de Paris au poids
de Flandre.

De la regle de ſocieté.

CHAP. XVII.

CESTE regle de ſocieté, ou de compagnie, qu'aucuns appellẽt
auſſi regle de marchands, pource peut-eſtre que de toutes les
perſonnes qui ſe ſerue d'icelle regle, il n'y en a point à qui elle ſoit
plus vtile qu'aux marchands: car iceux ayant mis argent enſemble
pour traffiquer, ils departent par le moyen de ceſte regle tout leur
gain ou perte proportionnellement , ſelon les ſommes qu'ils ont
mis en compagnie. Or ceſte diſtribution & deſpartement ſe faict
moyennant la regle de trois, au premier terme de laquelle on met la
ſomme à quoy ſe montent toutes les ſommes qu'vn chacun a ap-
portée en la compagnie; au ſecond lieu, le gain ou perte qui eſt prouenuë de toute ladite ſomme , & au troiſieſme terme l'argent d'vn
chacun: tellement qu'il y aura autant de regle de trois qu'il y aura

de perfonnes entrees en la focieté, comme il fera manifefte par les exemples fuiuans.

1. *Trois marchands s'affocians enfemble, l'vn d'iceux met en commun 450 liures, l'autre 560 liures, & le troifiefme 740 : & au bout de quelque temps ils trouuent que de la fomme totale ils ont gaigné 350 liures; on demande combien chacun doit auoir d'iceluy gain à raifon de fa mife ?*

Pour donc fouldre cefte queftion, & toutes autres femblables, nous adjoufterons enfemble les mifes d'vn chacun, & viendront 1750, que nous poferons au premier terme de la regle de trois, & au fecond le gain qui en eft prouenu, c'eft affauoir 350; mais au troifief-me lieu nous mettrons les mifes particulieres de chaque marchãd, qui font 450, 560, & 740, le tout comme il appert icy.

$$Si\ 1750\ gagnent\ 350\ l.\ combien\ gag. \begin{cases} 450. \mathcal{R}\ 90\ l. \\ 560. \mathcal{R}\ 112\ l. \\ 740. \mathcal{R}\ 148\ l. \end{cases}$$
$$1750.\quad 350.$$

Et faifant les trois regles de proportion comme il appartient, nous trouuerons que le premier doit auoir de gain 90 liures, le fe-cond 112, & l'autre 148. Pour preuue de ce, il faut adjoufter enfem-ble ce qu'il vient de gain à chacun; & la fomme eftant égale à tout le gain prouenu de la fomme totale, c'eft figne que l'operation a efté bien & deuëment faicte, autrement non. On pourroit encore faire ladite preuue par operation reciproque, fuiuant la façon d'operer en l'exemple cy deffouz.

2. *Trois marchands auoient mis en compagnie 1750 liures, de laquelle fomme ayant gaigné 350 liures, le premier en a eu pour fa part 90 liures, le fecõd 112 liures, & le troifiefme 148 liures : on demande combien chafque marchand auoit mis en la focieté.*

Pour fouldre cefte queftion, il faut pofer au premier terme de la regle de trois le gain prouenu de la fomme totale de la mife, qui eft 350 ; au fecond ladite fomme totale, fçauoir 1750 ; & au troifiefme lieu ce que chacun a eu dudit gain, le tout comme il appert cy apres.

$$Si\ 350\ viennent\ de\ 1750\ l.\ de\ combien\ viendront \begin{cases} 90.\ \text{Ꞧ}\ de\ 450\ l. \\ 112.\ \text{Ꞧ}\ de\ 560\ l. \\ 148.\ \text{Ꞧ}\ de\ 740\ l. \end{cases}$$

$$350. \qquad 1750.$$

Et faifant les regles de trois, on trouuera que le premier auoi mis en la compagnie 450 liures, le fecond 560, & l'autre 740.

3. *Quatre marchands ayant mis dans vn nauire pour 12800 liures de mar- chandife pour eftre tranfportée de Marfeille à Lisbone en Portugal, dont le premier y en auoit pour 3200 liures, le fecond pour 2560 liures, le troifiefme pour 4800 l. & le quatriefme pour 2240 liures, eft aduenu vn grand orage fur la mer, pour lequel on auroit efté contraint de ietter vne partie de la mar- chandife en l'eau, afin de pouuoir fauuer l'autre partie: Or en ayant efté ietté pour 5790 liures, & faict perte commune, on demande combien chacun doit porter d'icelle perte, à raifon de la marchandife qu'il auoit mis dans le vaif- feau?*

Il y a mefme raifon à la perte qu'au gain, c'eft pourquoy on pro- cedera comme au premier exemple; c'eft à dire qu'on adjouftera enfemble tous les prix de la marchandife mife au nauire, pour auoir le premier terme de la regle de trois; & au fecond on mettra la per- te; mais au troifiefme le prix de la marchandife d'vn chacun en par- ticulier, ainfi qu'il appert cy deffouz.

$$Si\ 12800\ donnent\ de\ perte\ 5790\ liures, comb.\ en\ donneront \begin{cases} 3200.\ \text{Ꞧ}\ 1447\frac{1}{2}\ liu. \\ 2560.\ \text{Ꞧ}\ 1158\ liu. \\ 4800.\ \text{Ꞧ}\ 2171\ \frac{1}{4}\ l. \\ 2240.\ \text{Ꞧ}\ 1013\ \frac{1}{4}\ l. \end{cases}$$

$$12800. \qquad 5790.$$

Et les regles faictes, on aura ce que chacun doit porter de la per- te aduenue felon la valeur de la marchandife qu'il auoit mife au nauire.

4. *Vn Efleu a vne creuë de 540 liures à mettre fur 4 parroiffes, dont la pre- miere a 340 liures de cottifation ordinaire, la feconde 400 liures, la tierce*

504 *liures, & la derniere* 700 *liu. on demande combien chasque parroisse doit porter de ladite creuë?*

Il faut icy assembler les sommes des cottisations ordinaires, & viendront 1944 liures, qui seront pour le premier terme de ladite regle de trois; & au second soit mise la creuë proposée, sçauoir 540 liures; mais au troisiesme, la somme particuliere de la cottisation de chasque parroisse; & les regles faictes, on aura pour le quatriesme terme incogneu ce que chacune desdites parroisses doit porter de ladite creuë proposée à l'equipolent de sa cottisation ordinaire, ainsi qu'il appert cy dessouz.

$$Si\ 1944\ donnent\ 540\ l.\ combien\ en\ donneront \begin{cases} 340. & 94\ l.\frac{4}{9}. \\ 400. & 111\frac{1}{9} \\ 504 & 140\ l. \\ 700 & 194\frac{4}{9}. \end{cases}$$

$$1944. \quad 540.$$

On trouuera donc que pour la leuée de la creue proposée, la premiere parroisse doit estre cottisée à 94 l. 8 s. 10 d. $\frac{2}{3}$; la secõde à 111 l. 2 s. 2 d. $\frac{1}{3}$; la troisiesme, à 140 l. & la quatriesme à 194 l. 8 s. 10 d. $\frac{2}{3}$.

5. *Deux marchands ont fait compagnie, l'vn desquels a mis* 320 *liures; & l'autre a tant mis, que de* 560 *liures qu'ils ont gagné ensemble il en prend les* $\frac{5}{8}$; *on demande quelle est sa mise, & aussi le gain de l'vn & de l'autre?*

Puisque le second prend les $\frac{5}{8}$ du gain, il est certain qu'il a mis les $\frac{5}{8}$ du principal, & que le premier qui a fourny 320 liures a mis le reste, c'est à dire $\frac{3}{8}$: tellement que pour 3 qu'a mis le premier, le second en a mis 5: parquoy pour cognoistre la mise du second, nous formerons vne telle regle de trois.

Si 3 donnent 5, que donneront les 320 liu. de la mise du premier? ℞ 533 l. $\frac{1}{3}$.

Et la regle faicte, nous trouuerons 533 liu. $\frac{1}{3}$ pour la mise du second. Quant au gain d'vn chacun, il sera maintenãt aisé de le trouuer selon les exemples precedents, ou plustost en prenant la 8e partie de tout le gain 560, & la multipliant par 3, & aussi par 5, afin d'en auoir les $\frac{3}{8}$, & puis les $\frac{5}{8}$; quoy faisant, on trouuera que le premier qui a mis 320 l. en la compagnie, aura 210 liures de gain, & l'autre 350 liures.

6. *Trois marchands s'estans associez ensemble, & mis en compagnie 1520 liures, ils ont gagné 190 liures, & venant à partir ce gain, le premier tire 1080 l. tant pour sa mise que profit; le second, 360 liures; & l'autre 270: on demande la mise & gain d'vn chacun?*

Pour souldre telles & semblables questions, il faut adjouster tout le gain auec toute la mise, & viendront 1710 qui sera pour le premier terme de la regle de trois; & au second soit posé toute la somme principale qui est 1520; mais au troisiesme terme soit posé ce que chacun a tiré, tant pour son principal que profit, ainsi qu'il appert icy.

$$\textit{Si 1710 donnent 1520 l. que donneront} \begin{cases} 1080. & 960\,l. \\ 360. & 320\,l. \\ 270. & 240\,l. \end{cases}$$

$$\overline{\qquad 1710. \qquad 1520 \qquad}$$

Et les regles de trois faictes comme il appartient, on trouuera que le premier auoit mis en la compagnie 960 liures, le second 320 liures, & le troisiesme 270: & ostant ces sommes de ce que chacun a retiré, on trouuera que le premier a eu pour son gain 120 liures; le second 40; & le troisiesme 30.

7. *Deux hommes ayant mis certaine somme d'argent pour profiter en commun ont gagné 26 liu. desquelles le premier en prend 8, à raison de sa mise, dont celle du second estoit double, & encore 10 liu. dauätage: on demande la mise d'vn chacun?*

Pour souldre ceste question, est à considerer que puisque le gain du premier est 8 liu. il s'ensuit que le second qui a mis plus que le double du premier aura 16 pour iceluy double, & partant que les 2 qui restent encore de tout le gain 26, correspondent au gain qu'ont faict les 10 liu. que le second a apporté plus que le double du premier: parquoy nous trouuerons aisément le principal d'vn chacun, disant ainsi.

$$\textit{Si 2 viennent de 10, d'où viendront} \begin{cases} 8. & 40\,l. \\ 16. & 80\,l. \end{cases}$$

Et selon ce, nous trouuerons que les 8 du gain que le premier a

eu

eu prouiennent de 40 liures qu'il auoit apporté en la compagnie;
& partant le double 80, auec dix dauantage, sera la mise du second.

8. *Trois s'estans associez ont gagné 1520 liures: le premier a apporté en la
compagnie 1080 l. & le second 360, mais le second y a tant mis, que de tout
le gain il luy en appartient 240 liures: on demande la mise de cestuy-cy, & le
gain des deux autres?*

Il faut icy leuer le gain du troisiefme qui est 240 l. de tout le gain
1520 l. & resteront 1280 pour le gain des deux premiers, ausquels il
le faut partir selon leur mise, disant ainsi.

$$\text{Si } 1440\, l. \text{ gagnent } 1280\, l. \text{ combien gagneront } \begin{cases} 1080\, l. & \mathbb{R} \; 960\, l. \\ 360\, l. & \mathbb{R} \; 320\, l. \end{cases}$$

Et ayant trouué que le premier prend 960 l. du gain, & le second
320, nous chercherons la mise du troisiefme, disant ainsi.

Si 320 l. viennent de 360, d'où viendront 240 ? ℞ de 270 l.

Et la regle faicte, on trouuera qu'iceluy auoit porté en la compagnie 270 liures.

9. *Il y a trois moulins dans vne ville assiegée, l'vn desquels mould 2 septiers
de bled par iour, le second 3 septiers & demy, & le troisiefme 5 septiers: le
Commissaire des viures veut faire mouldre 72 septiers de bled; on demande
combien il doit donner de septiers de bled à chacun moulin, afin qu'ils ayent
aussi tost faict l'vn que l'autre?*

Pour souldre ceste question, il faut, comme aux precedens, poser
le nombre des septiers de bled que mould chacun moulin par iour
au troisiefme lieu de la regle de trois les vns sur les autres, & la somme de l'addition d'iceux au premier terme, & au second le nombre
des septiers de bled qu'il faut mouldre, ainsi qu'il appert icy.

$$\text{Si } 10\tfrac{1}{2}\, \text{donnent } 72, \text{ combien donneront } \begin{cases} 2. & \mathbb{R} \; 13\tfrac{5}{7}. \\ 3\tfrac{1}{2}. & \mathbb{R} \; 24. \\ 5. & \mathbb{R} \; 34\tfrac{2}{7}. \end{cases}$$
$$\overline{\qquad 10\tfrac{1}{2}. \; 72 \qquad}$$

Et les regles faictes, le produit de chafque operation monstrera combien de septiers de bled il faut donner à chasque moulin, sçauoir au premier 13⅗ septiers, au second 24, & à l'autre 34 2⁄7.

10. *Il y a vne grande cuue, au bas de laquelle sont trois fontaines ou bondons inegaux, le plus grand desquels estant ouuert, la cuue remplie d'eau est toute vuidée en 2 heures; mais lors qu'on ouure le plus petit bondon, ladite cuue est vuidée en 8 heures; & lors qu'on ouure le moyen, elle l'est en 5 heures: on demāde si on ouure tous les trois bōdons en mesme temps, en combien toute l'eau de la cuue sera vuidée, & combien s'en escoulera par chaque bondon?*

　　Pour souldre ceste question, & toutes autres semblables, soit premierement trouué le moindre nombre mesuré par les temps mentionnez en la question, c'est assauoir par 2, 5, & 8, qui sera 40, & d'iceluy soient prinses les parties denommées par chacun desdits temps; c'est assauoir la moictié, la cinquiesme partie, & la huictiesme, & qui feront 20, 8, & 5: En apres adjouster ces nombres ensemble, & feront 33, qui signifie qu'en 40 heures la cuue seroit vuidée 33 fois: parquoy diuisant 40 par 33, viendront 1 7⁄33, qui denotte qu'en vne heure & 7⁄33 d'heure, toute l'eau de la cuue proposée sera vuidée par les trois bondons: & pour sçauoir quelle partie s'en vuidera par chacun desdits bondons, il n'y a qu'à diuiser iceluy temps 1 7⁄33 par celuy pendant lequel chasque bondon peut laisser escouler toute l'eau, & on trouuera que par le plus grand il s'en escoulera 20⁄33, par le moyen 8⁄33, & par le plus petit 5⁄33.

11. *Vn homme termināt ses iours laisse sa femme enceinte, & ordōne par testament que si elle accouche d'vn fils, iceluy aura les ⅔ de son bien estimé à 1500 liures, & sadite femme le reste; mais si elle fait vne fille, il veut qu'elle n'ait qu'vn tiers de son bien, & sadite femme les ⅔: Aduient qu'elle faict fils & fille; on demāde comme il faut despartir ladite somme de 1500 liures pour executer la volonté du testateur?*

　　Il est certain que ceste question ne peut estre entenduë comme sonnent les paroles: car si le fils prend ⅔, la femme ne pourroit auoir ⅓, & la fille ⅓; c'est pourquoy les Arithmeticiens interpretant la volonté du testateur, disent qu'il a entendu que son fils ait deux fois autant que sa femme, & icelle le double de la fille: c'est à dire que si la fille prend 1, la mere doit prendre 2, & le fils 4: Parquoy il faut diuiser le bien du testateur, sçauoir 1500 proportionnellement à ces trois nombres 1, 2, 4, difant ainfi,

$$\textit{Si 7 donnent 1500 l. combien donneront} \begin{cases} \text{1. } \text{R: } 2\ 1\ 4\ \frac{2}{7} \\ \text{2. } \text{R: } 4\ 2\ 8\ \frac{4}{7} \\ \text{4. } \text{R: } 8\ 5\ 7\ \frac{1}{7} \end{cases}$$

$$\overline{\text{7. } 1\ 5\ 0\ 0}$$

Et les regles faictes, on trouuera que la fille doit auoir 214 liu. $\frac{2}{7}$, la mere 428 l. $\frac{4}{7}$, & le fils 857 l. $\frac{1}{7}$.

12. *Trois hommes ont 1521 liures à partir entr'eux, fous telle condition que le premier & plus ancien en ait la moictié, le fecond $\frac{1}{3}$, & l'autre $\frac{1}{4}$, fçauoir combien ils doiuent prendre chacun?*

Il est manifeste que ceste question ne fe doit entendre comme elle fonne, car fi le premier en auoit la moictié, & le fecond $\frac{1}{3}$, le troifiefme n'en pourroit pas auoir $\frac{1}{4}$, veu que ces trois parties font plus que l'entier, c'est affauoir $\frac{13}{12}$. Parquoy le fens de la question est qu'il faut defpartir le nombre 1521 en trois parties, qui ayёt mefme proportion entr'elles que ces fractions $\frac{1}{2}, \frac{1}{3}, \frac{1}{4}$. Or pour ce faire, trouuons premierement vn nombre qui contiennent parfaictemёt toutes ces parties propofées, comme 12, duquel la moictié est 6; le tiers 4; & le quart 3 : puis nous defpartirons les 1521 liures proportionnellement à ces nombres 6, 4, & 3, difant,

$$\textit{Si 13 donnent 1521 l. combien dőneront} \begin{cases} \text{6. } \text{R: } 7\ 0\ 2\ l. \\ \text{4 } \text{R: } 4\ 6\ 8\ l. \\ \text{3. } \text{R: } 3\ 5\ 1\ l. \end{cases}$$

$$\overline{\text{13. } 1\ 5\ 2\ 1}$$

Et faifant les regles de trois, on trouuera que le premier doit auoir 702 liures, le fecond 468, & le troifiefme 351.

13. *Quatre hommes veulёt partir entr'eux 396 liures, de forte que le premier en ait la moictié, & 10 liu. dauantage, le fecond $\frac{2}{3}$ moins 20, le troifiefme $\frac{1}{3}$ & 8 dauantage, & le quatriefme $\frac{1}{4}$ moins 6 : on demande ce que chacun doit auoir à fa part?*

En telles questions, il faut oster de toute la fomme propofée ce qu'on doit prendre outre les parties fpecifiées, mais y adjoufter ce

qu'on doit prendre de moins: comme icy foit oſté de la ſomme totale 366, les deux nombres 10 & 8, c'eſt à dire 18, & reſteront 378, auſquels ſoient adjouſtez 20 & 6, & viendront 404, qu'il faut deſpartir
proportionnellement, ſelon les parties propoſées ainſi qu'en la precedente queſtion, diſant,

$$
\textit{Si } 101 \textit{ donnent } 404 \textit{ l. combien donneront}
\begin{cases}
30. & \text{℞} \ 120\,l. \\
36. & \text{℞} \ 144\,l. \\
20. & \text{℞} \ 80\,l. \\
15. & \text{℞} \ 60\,l.
\end{cases}
$$

$$\overline{\qquad 101. \qquad 404. \qquad}$$

Ces quatre nombres trouuez ont bien les meſmes proportions
que les fractions propoſées, mais adjouſtées enſemble ils font 404,
& non pas 396, comme veut la queſtion : c'eſt pourquoy il faut adjouſter ou ſouſtraire deſdits nombres ceux ſpecifiez en la queſtion
auec leſdites fractions, quoy faiſant nous adjouſterons 10 au premier nombre trouué 120, & viendront 130 liures pour la part du
premier ; & oſterons 20 du ſecond nombre 144, & reſteront 124
pour le ſecond : mais adjouſtant 8 au troiſieſme nombre 80, viendront 88 liures pour la part du troiſieſme ; & ſouſtrayant 6 du dernier nombre 60, reſteront 54 pour la part du quatrieſme : toutes
leſquelles ſommes, adjouſtées enſemble font la ſomme propoſée 396.

14. *Quelqu'vn legue à vne Egliſe, en laquelle il y a* 12 *Chanoines &* 8
Chappellains, 558 *liures, à condition que l'œuure en ayãt pris le tiers, les deux
tiers reſtãs ſerõt partis entre les Chanoines & Chappellains, en ſorte que pour*
7 *liu. que prendra chaſque Chanoine, vn Chappellain n'en prẽne que* 5 : *on demande combien ils doiuent auoir chacun ?*

   Il faut premierement prendre le tiers de la ſomme propoſée, qui
ſera 186 liures pour l'œuure de l'Egliſe : en apres il faut multiplier
le nombre des Chanoines par 7 que chacun doit prendre, & auſſi
le nombre des Chappellains par 5, & viendront 84 & 40 qu'il faut
adjouſter enſemble, afin de partir les 372 l. reſtans proportionnellement auſdits deux nombres 84 & 40, diſant,

$$\text{Si } 124 \text{ donnent } 372 \text{ } l. \text{ que donneront} \begin{cases} 84. & \text{Ŗ } 252 \text{ } l. \\ 40. & \text{Ŗ } 120 \text{ } l. \end{cases}$$

$$\underline{124372}$$

Et les regles faictes, viendront 252 liures pour les 12 Chanoines, qui partant aurōt chacun 21 liures; & pour les 8 Chappellains viendront 120 liures, qui est à chacun 15 liures.

15. *A la prise d'vne ville, six gendarmes, 8 carabins, & 16 soldats sont entrez en vne maison, & l'ont garantie du pillage, moyennāt la somme de 50000 liures, laquelle ils doiuent despartir entr'eux, en sorte que chasque gendarme prendra autant que deux carabins & vn soldat, & chasque carabin autant qu'vn soldat & demy: on demande donc combien chacun doit auoir ?*

Il est manifeste que si on pose que chasque soldat prēne 2 liures, chasque carabin prendra 3, & chasque gendarme 8: Parquoy il n'y a qu'à partir la somme proposée 50000 liures proportionnellement aux nombres prouenans de la multiplication de chacun d'iceux nombres 2, 3, 8, par ceux des hommes correspondans, c'est assauoir 16, 8, & 6, dont les produits seront 32, 24 & 48, qui font ensemble 104: Nous dirons donc

$$\text{Si } 104 \text{ donnent } 50000 \text{ } l. \text{ que donneront} \begin{cases} 32. & \text{Ŗ } 15384 \text{ } l. \frac{8}{13} \\ 24. & 11534 \text{ } l. \frac{6}{13} \\ 48. & 23076 \text{ } l. \frac{12}{13} \end{cases}$$

$$\underline{104.50000.}$$

Et faisant les regles comme il appartient, nous trouuerōs 15384 liures $\frac{8}{13}$ pour les 16 soldats, qui est à chacun 961 liures $\frac{7}{13}$: & 11538 liures $\frac{6}{13}$ pour les 8 carabins, qui est à chacun 1442 l. $\frac{4}{13}$: & pour les 6 gendarmes 23076 l. $\frac{12}{13}$, qui est à chacun 3846 l. $\frac{2}{13}$.

16. *Trois marchands s'associans ensemble, le premier met en la compagnie 900 liures qu'il reprēd au bout de 6 mois : le second 500 liures qu'il reprend au bout de 9 mois; & le troisiesme 700 liures qu'il retire au bout de 10 mois; & alors demeurēt 338 liures de gain, assauoir combiē chacū en doit auoir se-*

lon ſa miſe, & le temps qu'elle a demeuré en compagnie?

Pour ſouldre toutes ſemblables queſtions, il faut premierement
multiplier la miſe d'vn chacũ par ſon temps, puis partir le gain proportionnellement aux produits qui en viendront; comme icy nous
multiplierons les miſes d'vn chacun, 900, 500 & 700, par le temps
de leur demeure 6, 9, & 10, & viendront 5400, 4500, & 7000; puis
à ces trois produits nous deſpartirons proportionnellement les 338
liures du gain, le tout comme il appert icy.

miſes	temps	produits
900 —— 6 ——		5400
500 —— 9 ——		4500
700 —— 10 ——		7000

$$\left\{\begin{array}{l}5400.\ \text{℟}\ 108.\\4500.\ \text{℟}\ 90.\\7000.\ \text{℟}\ 140.\end{array}\right.$$

Si 16900 dõnent 338, que dõnerõt

Et les regles faictes, nous trouuerons que le premier doit auoir
à ſa part 108 liures, le ſecond 90, & le troiſieſme 140.

17. Trois marchands ayans mis en compagnie 364 liures, & gagné 440 liures, dont le premier en prẽd pour ſa part 150 liures, à raiſon de ſa miſe qu'il
a tenuë 4 mois en compagnie; le ſecond 155 liures, à raiſon de ſa miſe qu'il a tenuë 5 mois en compagnie ; & le troiſieſme 135 liures, à raiſon de ſa miſe qui a
demeuré 6 mois : on demãde combien ils auoient mis chacun ?

Pour ſouldre ceſte queſtion, il faut premierement trouuer le
moindre nombre qui ſe puiſſe diuiſer preciſément par le temps d'vn
chacun, c'eſt à dire par 4, 5, & 6, lequel nombre ſera 60; & iceluy diuiſé par 4, donne 15 au quotient; par 5, donne 12; & par 6, donne 10:
en apres par ces nombres trouuez 15, 12, & 10 ſeront multipliez les
gains de chacun; c'eſt aſſauoir celuy du premier, qui eſt 150 liures
par 15; celuy du ſecond, qui eſt 155 liures par 12 ; & celuy du troiſieſme 135 par 10; & ayant adjouſté enſemble les trois produicts, qui
ſont 2250, 1860, & 1350, ſoit mis la ſomme d'iceux, qui eſt 5460 au
premier lieu de la regle de trois, & toute la miſe 364 au ſecond,
mais au troiſieſme chacun deſdits produicts, ainſi qu'il appert cy
apres.

60
――――――

4 ―― 15 ―― 150 ―― 2250
5 ―― 12 ―― 155 ―― 1860
6 ―― 10 ―― 135 ―― 1350

$$\begin{cases} 2250. \ \text{R}\, 150. \\ 1860. \ \text{R}\, 124. \\ 1350. \ \text{R}\, 90. \end{cases}$$

5460 ― 364 ―

Et les regles faictes, on trouuera que le premier auoit mis en la compagnie 150 liures, le second 124, & le troisiesme 90 liures.

18. *Trois s'estans associez, le premier apporte en la compagnie 150 liures pour 4 mois; le second y met 124 liures, & le troisiesme 90 liures, chacun pour certain temps: la compagnie finissant, ils trouuent 440 liures de gain, dont le premier en a pour sa part 150 liures, le second 155, & l'autre 135: on demande combien la mise de ces deux derniers a demeuré en la compagnie?*

Il faut multiplier la mise du premier, sçauoir 150 liures, par le temps qu'elle a demeuré en la compagnie, sçauoir par 4 mois, & viendront 600, duquel nombre est prouenu le gain qu'il a eu, c'est pourquoy nous dirons,

Si 150 *viennent de* 600, *d'où viendront* $\begin{cases} 155. \ \text{R}\, 620. \\ 135. \ \text{R}\, 540. \end{cases}$

Et les regles faictes, nous trouuerons que le gain du second vièt de 620, & celuy du troisiesme de 540, chacun desquels nombres soit diuisé par sa mise, c'est à dire 620 par 124, & 540 par 90, & viendra au quotient le temps que la mise a demeuré en la compagnie: ainsi nous trouuerons que la mise du second a demeuré en la compagnie 5 mois, & celle du troisiesme 6 mois.

19. *Deux marchands font compagnie, le premier met au commencement 540 liures, & en reprend 200 au bout de 15 mois; mais le second ayant mis seulement 320 liures au commencement de la compagnie, y en met encore 150 au bout de 10 mois: Aduient qu'au bout de 24 mois ils veulent finir la compagnie, & trouuent 500 liures de gain: on demande combien chacun en doit auoir?*

Pour fouldre telles queftions, il faut multiplier la mife d'vn chacun par le temps qu'elle a demeuré en compagnie. Or puifque le
premier qui auoit mis 540 liures en a repris 200 au bout de 15 mois,
il s'enfuit qu'icelles 200 liures n'ont efté que 15 mois en compagnie,
& que le refte montant à 340 liures y a demeuré 24 mois: nous multiplierons donc les 200 liures par 15, & les 340 liures par 24 ; & les
produits d'icelles multiplicatiös qui font 3000 & 8160, nous les adjoufterons enfemble, & viendront 11160, lequel nombre tiendra
lieu de mife pour le premier marchand. Mais le fecond qui auoit
mis 320 liures au commencement de la compagnie, y a encore re-
mis 150 liures au bout de 10 mois: tellemēt qu'icelles 150 liures n'ont
efté en compagnie que 14 mois, & les 320 liures y ont demeuré 24
mois: c'eft pourquoy il faut multiplier 150 par 14, & 320 par 24; puis
adjoufter enfemble les produits qui font 2100 & 7680, & viendront
9780, qui tient lieu de mife pour le fecond marchand. Cela faiɑ, il
faut defpartir les 500 liures de gain proportionnellement aux fuf-
dits nombres de 11160 & 9780, & on trouuera que le premier mar-
chand doit auoir pour fa part du gain 266 liures 9 f. 6 d. $\frac{54}{349}$, & le fecond 231 l. 10 f. 5 d. $\frac{295}{349}$.

20. *Trois s'affocians enfemble pour vn an, le premier met au commēcement
150 liures en la compagnie; mais le fecond n'y apporte que trois mois apres certaine fomme qui m'eft incogneuë, & le troifiefme trois mois apres le fecond
met auffi certaine fomme en la compagnie qui m'eft pareillement incogneuë:
aduient qu'au bout de l'an que leur compagnie finit, ils trouuent que leur gain
eft égal ; affauoir combien les fecond & troifiefme ont apporté en la compagnie?*

Il faut multiplier la mife du premier par fon temps, c'eft à dire
150 liures par 12 mois, & viendront 1800, & autant doit faire la mife du fecond multiplié par fon temps, & auffi celle du troifiefme par
le fien, puis que leur gain eft égal à celuy du premier: parquoy diuifant ce nombre 1800 par 9, qui eft le temps du fecond, & auffi par
6, qui eft le temps du troifiefme, viendront 200 l. pour la mife du fecond, & 300 liures pour la mife du troifiefme.

Or i'eftime que ces diuers exemples & queftions'eftans bien entenduës, il ne fera difficile de refouldre toutes autres queftions faifant à ce propos, c'eft pourquoy nous ne nous y arrefterons dauantage,

tage, non plus que sur les diuerses manieres par lesquelles on peut souldre aucunes desdites questions cy dessus expliquées.

De la regle d'alligation.

CHAPITRE XVIII.

CESTE regle d'alligation, ou d'alliage, enseigne à allier & mé-ler plusieurs choses d'inégales valeurs ensemble, & icelles mé-lées, sçauoir le moyen prix ou valeur de telle alliage & mistion; comme aussi à prédre ce qu'il faut de chacune des choses que nous voulons mesler pour reduire la mixtion à quelque prix moyen, par-ticipant de tous les autres, ainsi que nous verrons aux exemples suiuans.

1. *Vn homme veut mesler 8 septiers de froment, qui vaut 6 liures le septier, auec 12 septiers de segle, qui vaut 3 liures le septier: on demáde combien vau-dra le septier de ladite mixtion?*

Pour souldre toutes semblables questions, il faut multiplier les choses qu'on veut méler chacune par son prix, & diuiser la somme des produits par le nombre des choses meslées, & en viendra le moyen prix d'icelles. Parquoy nous multiplierons icy 8 par 6, & 12 par 3, & viendront 48 & 36, qui adjoustez ensemble font 84, que nous diuiserons par 20, nombre des choses meslées, & le quotient nous monstrera que le septier de ce mesteil vaut 4 liures 4 sols, ainsi qu'il appert cy dessouz.

8 *septiers à* 6 *l.* — 48
12 *septiers à* 3 *l.* — 36

$\overline{}$ $\overline{}$

20   84

84 (4 *l.* $\frac{1}{5}$ *pour le septier de la mixtion.*
20

Or pour preuue de ce, on peut faire ceste autre question.

2. *Vn homme ayant du bled froment à* 6 *liures le septier, & du seigle à* 3 *liures, Il veut faire* 20 *septiers de mesteil à* 4 *liures* 4 *sols le septier; on de-mande combien il doit prendre de chacune sorte du bled qu'il a?*

M

En toutes femblables queftions, il faut pofer les nombres, exprimant les valeurs particulieres des chofes qu'on veut allier l'vn fur l'autre, comme fi on les vouloit adjoufter, & à cofté feneftre d'iceux mettre le nombre de la valeur moyenne à laquelle l'alligation fe doit faire : puis confiderer combien icelle valeur moyenne excede, ou eft excedée des particulieres, & la differëce des inferieures valeurs denottent les parties qu'il faut prendre des plus grandes ; & au contraire, les differences des plus grädes nous monftrent quelles parties il faut prendre des petites ; c'eft pourquoy on pofe ordinairement la difference de la plus grande à cofté de la plus petite, & celle de la plus petite vis à vis de la plus grande, & ainfi des autres. Comme en cefte queftion nous efcrirons les deux prix propofez l'vn au deffouz de l'autre, ainfi qu'il appert cy deffouz ; & au cofté feneftre le nombre 4$\frac{1}{5}$, qui eft la valeur moyenne requife ; puis confiderät la difference d'iceluy nombre à la plus petite valeur 3, c'eft 1$\frac{1}{5}$, que ie pofe au cofté dextre de la plus grande 6 ; & la difference à icelle plus grande eft 1$\frac{4}{5}$, que ie pofe auffi vis à vis de la plus petite : Ce fait, il faut defpartir les 20 feptiers propofez à icelles differences proportionnellement, ainfi qu'il a efté enfeigné aux regles de compagnie, & comme il appert cy deffouz.

$$4\tfrac{1}{5}\begin{cases}6 \text{ — } 1\tfrac{1}{5}\\ 3 \text{ — } 1\tfrac{4}{5}\end{cases}$$

Si 3 donnent 20, que donneront $\begin{cases}1\tfrac{1}{5}. \text{℞ } 8.\\ 1\tfrac{4}{5}. \text{℞ } 12.\end{cases}$

Et les regles faictes comme il appartient, on trouuera qu'il faut mefler 8 feptiers du bled à 6 l. auec 12 feptiers de celuy à 3 l. pour en faire 20 feptiers à 4 liu. $\frac{1}{5}$.

3. *Vn tauernier ayant de trois fortes de vins qu'il veut mefler enfemble par egale portion ; le meilleur valant 5 fols la pinte, le moyënement bon 4 fols, & le moindre, qu'il ne peut vendre fans le mélanger, luy reuient à 3 fols : Sçauoir combien il doit vendre la pinte de ce meflange pour en retirer autant que s'il vendoit chacun à part ?*

Pour fouldre cefte queftion, & toutes autres femblables, il faut remarquer que de deux chofes meflées par égales portions, il n'y a qu'à adjoufter leurs valeurs, & prendre la moitié de la fomme ; de trois, en prendre le tiers ; de quatre, le quart ; & ainfi en continuant. Veu donc qu'en cefte queftion il y a trois chofes meflées par égales portions, nous adjoufterons leurs valeurs, 5, 4, 3, & viendront 12 f. dont nous prendrons le tiers, qui eft 4 f. & autant vaut la pinte de ce vin meflangé.

4. Vn homme veut employer 490 liures en 70 aulnes de trois fortes de drap ; fçauoir de rouge, qui vaut 10 liu. l'aulne ; vert, qui vaut 6 liures, & noir, qui vaut 4 liures ; on demande combien il en doit auoir de chacun?

En toutes femblables queftions, il faut premierement trouuer le prix d'vne aulne du meflange de tous ces draps, ce qui fe fera en diuifant l'argent qu'on veut employer par la quantité qu'on veut auoir, qui fera icy 490 par 70, & viendront 7 l. pour le prix moyen entre le plus grand & le moindre. Que s'il aduenoit que le prix trouué ne fuft moyen entre le moindre & le plus grand propofé, la queftion feroit impoffible. Or ayant trouué le moyen prix d'vne aulne, foit procedé à l'alligation, ainfi qu'il a efté dit au fecõd exemple, & comme il appert icy.

Prix diff.

Moyen prix 7 {
rouge   1 0 — 3. 1.
verd   6 — 3.
noir   4 — 3.
}

Si   10 dõnent 70, comb. {
4. ℞ 28. rouge
3. ℞ 21. verd
3. ℞ 21. noir
}

Et l'operation faicte, nous trouuerons qu'on doit prendre 28 aulnes du drap rouge, 21 du verd, & 21 du noir, qui font en tout 70 aulnes, & coufteront 490 liures ainfi qu'il eftoit propofé. Car les 28 aulnes de rouge vaudront 280 l. les 21 de verd 126 l. & les 21 de noir 84, qui font en tout ledit nombre de 490 liures.

5. Vn cabaretier ayant de quatre fortes de vin, c'eft affauoir à 6 fols la pin-

M ij

te, à 4, 2 & 1 ; quelqu'vn veut auoir 150 pintes de ces quatre fortes de vin, & que chafque pinte ne luy reuienne qu'à 3 fols : on demande combien il doit auoir de chacune forte ?

Il n'y a qu'à prendre la difference du prix moyen aux quatre pro-pofez, puis defpartir proportiōnellement les 150 pintes qu'on veut auoir aux differences trouuees, & viendra ce qu'on doit prendre de chafque forte, ainfi qu'il appert icy.

$$
3 \begin{cases} 1 - 3 \\ 2 - 1 \\ 4 - 1 \\ 6 - 2 \end{cases}
$$

Si 7 donnent 150 , combien donneront
$$
\begin{cases} 3. & \text{R} \; 64\tfrac{2}{7} \; \text{à } 1\,f. \\ 1. & \text{R} \; 21\tfrac{3}{7} \; \text{à } 2\,f. \\ 1. & \text{R} \; 21\tfrac{3}{7} \; \text{à } 4\,f. \\ 2. & \text{R} \; 42\tfrac{6}{7} \; \text{à } 6\,f. \end{cases}
$$

Toutes lefquelles quantitez trouuées eftans multipliées par leurs prix, font 64 f. $\tfrac{2}{7}$, 42 l. $\tfrac{6}{7}$, 85 f. $\tfrac{5}{7}$, & 257 f. $\tfrac{1}{7}$: & toutes ces fommes adjouftées enfemble font 450 f. qui eft le triple du nombre des pin-tes qu'on veut auoir ; tellement que chafque pinte de ce vin meflā-gé vaudra trois fols, ou bien prenant chafque forte à part, toufiours la pinte ne reuiendra l'vne portant l'autre qu'audit prix de 3 fols la pinte, comme veut la queftion.

6. Si vne communauté vouloit faire faire vne cloche de quatre fortes de meftaux, defquels le cent du premier vaut 12 liures, du fecond 15 liures, du troifiefme 17 liu. & le cent du quatriefme 20 liures, & veulent que ladite cloche pefe precisément 3500 liu. & s'ils n'y veulent employer que 500 liu. affauoir combien il faut prendre de chafque meftal ?

Cefte queftion eft femblable à la quatriefme, c'eft pourquoy il faut premierement trouuer le prix moyen du cent, difant ainfi.

Si 3500 lb. valent 500 l. combien vaudront 100. R 14 l. $\tfrac{2}{7}$.

Et la regle faicte, nous trouuerons que le prix moyen du cent fera 14 liures $\tfrac{2}{7}$, que nous confererons auec les prix propofez pour en auoir les differences, aufquelles nous defpartirons proportionñellement les 3500 lb. ainsi qu'il appert icy.

$$\text{Prix moyen } 14\tfrac{2}{7} \begin{cases} 12 & - & \tfrac{5}{7}, 2\tfrac{5}{7}, \tfrac{5}{7}, \text{ qui valent ensemble } 9\tfrac{x}{7} \\ 15 & - & 2\tfrac{2}{7} \\ 17 & - & 2\tfrac{2}{7} \\ 20 & - & 2\tfrac{2}{7} \end{cases}$$

Somme des differ. 16

$$\text{Si 16 donnent 3500, combien donneront} \begin{cases} 9\tfrac{x}{7} . \text{R}\!\!\!\!/\ 2000\,\text{lb.} \\ 2\tfrac{2}{7} . \text{R}\!\!\!\!/\ 500\,\text{lb.} \\ 2\tfrac{2}{7} . \text{R}\!\!\!\!/\ 500\,\text{lb.} \\ 2\tfrac{2}{7} . \text{R}\!\!\!\!/\ 500\,\text{lb.} \end{cases}$$

Toutes les operations faictes, nous trouuerons qu'il faut prendre 2000 lb du mestal qui vaut 12 l. le cent, & 500 lb de chacun des
autres mestaux. Or l'alliage de ceste question, aussi bien que de
quelque autre, peut bien estre diuersifiée, mais nous ne nous arre-
sterons dauantage sur ce sujet.

De la regle de faux d'vne simple position.

CHAP. XIX.

ENTRE les autres regles d'Arithmetique, on donne le premier
lieu à la regle de faux, qui est ainsi ditte, non qu'elle enseigne
chose faulse ; mais à cause que par le moyen de chose faulse & prise
à plaisir nous venons à la cognoissance d'vne vraye que nous igno-
rons & voulons cognoistre. Or ceste regle de faux contient deux
parties ; la premiere est appellée d'vne simple position, parce que
moyennant vn seul nombre pris à plaisir, on trouue le vray qu'on
demande : & l'autre est nommée de deux positions, à raison qu'il
nous faut poser deux nombres, pour venir à la cognoissance de celuy demandé : de ceste premiere regle là nous traicterôs en ce chapitre, & de ceste seconde au chapitre suiuant. Or il y a grande difference entre ces deux regles ; car toutes les questions qu'on peut
resoudre par celle d'vne simple position, le peuuent bien estre par

celle de deux, mais non pas au contraire ; c'eſt pourquoy beaucoup
d'Arithmeticiens ſe contentent d'expliquer celle-cy de deux poſitions ; mais les autres propoſent & enſeignent toutes les deux regles, parce que pluſieurs queſtions ſe peuuent reſoudre beaucoup
plus facilement & promptement par la regle de faux d'vne ſimple
poſition, que par celle de deux : comme toutes les queſtiōs eſquelles ſont exprimées telles parties ou nombres, qui ont meſme raiſon
ou proportion en petits nombres qu'en grands, telles que ſont
$\frac{1}{2}, \frac{1}{3}, \frac{2}{3}, \frac{1}{4}, \frac{3}{4}$, &c. Item, les nombres double, triple, quadruple, &c.
ainſi qu'il ſera manifeſte par les choſes que nous deſduirōs cyapres

Eſtant donc propoſée quelconque queſtion ſoluble par la regle
de faux d'vne ſimple poſition, nous prendrons au lieu du vray nombre conceu en la queſtion quelqu'autre nombre à plaiſir, & puis
nous procederons auec iceluy ſelon le diſcours de la queſtion, tout
ainſi que ſi c'eſtoit le vray nombre : & ſi à la fin du diſcours nous
trouuons vn nombre égal à celuy dont eſt queſtion, le nombre que
nous aurons pris à plaiſir ſera celuy cherché : mais s'il n'eſt égal, le
nombre pris ſera faux ; au moyen duquel toutesfois nous cognoi-
ſtrons le vray, poſant au premier terme d'vne regle de trois ledit
nombre trouué, au ſecond celuy de la poſition, & au troiſieſme celuy de la queſtion ; & la regle faicte, viendra au quatrieſme terme
ledit nombre cherché, ainſi qu'il apparoiſtra aux exemples & queſtiōs ſuiuantes.

1. *Vn homme dit, ſi auec l'argent que i'ay i'en auois encore la moiĉtié & le*
tiers d'autant, i'aurois 22 liures : ſçauoir combien il a d'argent ?

Suppoſons que cet homme ait 12 liures, & ſelon le diſcours de la
queſtion, adjouſtons à ce nombre ſa moiĉtié qui eſt 6, & ſon tiers
qui eſt 4, & nous trouuerons que le tout monte 22 liures, qui eſt le
nombre propoſé en la queſtion : parquoy nous diſons que le nombre poſé eſt le vray nombre cherché, & par ainſi que cet homme
auoit 12 liures. Mais ſi à la fin du diſcours de la queſtiō nous n'euſ-
ſiōs rencōtré le nombre 12 conceu en icelle, nous euſſions procedé
comme en la ſuiuante.

2. *Quelqu'vn eſtant interrogé combien il a d'argent en ſa bourſe, reſpond*
qu'il n'en ſçait rien : & toutefois il eſt certain que s'il en auoit oſté le tiers,
& puis le quart du reſte, & encore la cinquieſme partie de ce qui reſter oit, il

demeureroit encore 3 liures en sa bourse : assauoir combien il a ?

Pour souldre ceste question, supposons qu'il ait 60 liures, & suiuant le discours de la question ostons en le tiers, qui est 20, & resteront 40, desquels ostons aussi le quart, qui est 10, & resteront 30, dont il faut encore oster la cinquiesme partie, qui est 6, & resteront 24 : mais la question veut qu'il reste seulement 3 liures : parquoy le nombre que nous auons supposé n'est pas le vray, c'est pourquoy nous dirons par regle de trois,

Si 24 viennent de 60, de combien viendront 3 ? ℞ de 7 liu. $\frac{1}{2}$.

Et l'operation faicte, nous trouuerons pour le quatriesme terme proportionnel $7\frac{1}{2}$: parquoy nous concluons que celuy-là auoit sept francs & demy en sa bourse. Ce qui est manifeste, car ayāt osté le tiers $2\frac{1}{2}$, & le quart du reste 5, & encore la cinquiesme partie de ce qui restera $3\frac{1}{4}$, resteront 3 liures, comme veut la question.

3. *Quelqu'vn achepte de la thoile, du drap, & du taffetas pour la somme de 400 liures, dont il a pour deux fois autant de drap que de thoile, mais il a employé en taffetas autant qu'en drap & en thoile : assauoir combien il a employé en chacune de ces trois estoffes ?*

Supposons qu'il ait acheté pour 50 liures de thoile ; & puisque il a eu pour deux fois autant de drap, il en a eu pour 100 liures ; & partant il auroit eu du taffetas pour 150 liures. Parquoy il n'auroit employé que 300 liures ; & par la question il a employé 400 liures : Le nombre que nous auons supposé n'est donc pas le vray ; & pour le trouuer, nous dirons ainsi.

Si 300 l. viennent de 50, de combien viendront 400 l ? ℞ de $66\frac{2}{3}$.

Et l'operation faicte, nous trouuerons qu'il a eu pour 66 liures $\frac{2}{3}$ de thoile, pour 133 liures $\frac{1}{3}$ de drap, & pour 200 liures de taffetas.

4. *Vn vieillard estant interrogé de son aage, respond qu'il a tant d'années, que si au nombre d'icelles on y adioustoit leur moictié, & puis que de tout on en osta $\frac{1}{4}$, il resteroit encore 90 années : on demande combien il a d'années ?*

Posons qu'il ait 48 ans ; si donc on y adiouste la moictié, qui est 24, viendront 72, desquels si on oste $\frac{1}{4}$, sçauoir est 18, resteront 54 ; mais la question veut qu'il reste 90 : parquoy le nombre posé est faux, c'est pourquoy nous dirons,

Si 54 viennent de 48, de combien viendront 90. R̶ de 80.

Et l'operation faicte on trouuera 80 : tellement que nous dirons que ce vieillard auoit 80 ans. Ce qui est manifeste ; car si à ce nombre on adjouste sa moitié, viendront 120, desquels ostant le quart, restent 90, comme veut la question.

5. *Il y a vne espée dont la lame pese $\frac{1}{2}$ de toute l'espée, le pommeau $\frac{1}{5}$ & la garde auec la poignée $\frac{3}{4}$ de liure : assauoir que poise icelle espée ?*

Supposons que toute l'espée poise 20 liures : donc la moitié sera le poids de la lame, c'est assauoir 10 liures, & le pommeau 4 liures, qui font ensemble 14 liures : parquoy resteroient encore 6 lb pour le poids de la garde & de la poignée, qui ne doit peser que trois quarterons ; c'est pourquoy le nombre supposé est faux, & pour trouuer le vray, nous dirons,

Si 6 viennent de 20, d'où viendront $\frac{3}{4}$. R̶ 2$\frac{1}{2}$.

Et l'operation faicte, nous trouuerons 2 lb $\frac{1}{2}$: tellement que nous dirons que toute l'espée proposée poise 2 lb $\frac{1}{2}$. Car la moitié sera 1 lb. $\frac{1}{4}$, & $\frac{1}{5}$ sera $\frac{1}{2}$ lb, qui font ensemble 1 lb. $\frac{3}{4}$; tellement qu'il reste encore $\frac{3}{4}$ de lb pour la poignée, comme veut la question.

6. *Vn Meusnier a trois moulins, dont le premier mould neuf boisseaux en vne heure, le second 7 boisseaux, & l'autre 5 : Il veut faire mouldre 120 boisseaux de bled le plustost qu'il sera possible ; sçauoir en combien de temps tout sera moulu, & combien il en doit bailler à chasque moulin ?*

Supposons que tout soit moulu en trois heures : donc le premier en mouldra 27 boisseaux, le second 21, & l'autre 15 : & tout ensemble en mouldront 63 boisseaux : mais on en vouloit mouldre 120 boisseaux ; nous dirons donc,

Si 63 sont moulus en 3 heures, en combien seront moulus 120. R̶ en 5 heur. $\frac{5}{7}$.

Et la regle faicte, nous trouuerons qu'en 5 heures $\frac{5}{7}$ les 120 boisseaux proposez seront moulus : & partant que le premier en mouldra 51 boisseaux $\frac{3}{7}$, le second 40, & l'autre 28 $\frac{4}{7}$.

7. *Trouuer vn nombre duquel $\frac{1}{2}$, $\frac{1}{3}$, $\frac{1}{4}$, $\frac{2}{5}$, & $\frac{1}{6}$, & encore 3 dauantage, facent 300.*

Premierement du nombre proposé 300, il faut oster les trois qui sont outre les fractions, pource qu'iceluy nombre 3 ne peut auoir vne

vne mesme proportion auec icelles parties ou fractions d'vn petit
nombre, qu'auec les mesmes parties d'vn grand nombre; iceluy
osté resteront donc 297. Maintenant suppofons que le nombre requis soit 60, qui a toutes les parties propofées, & d'iceluy prenons
$\frac{1}{2}, \frac{1}{3}, \frac{1}{4}, \frac{2}{5}$, & $\frac{1}{6}$, qui serōt 30,20,15,24,& 10:adiouftez-les ensemble,&
viendront 99: mais il falloit 297; & partant le nombre suppofé est
faux; parquoy pour trouuer le vray nous dirons ainfi,

　　　Si 99 viennent de 60, de combien viendront 297 ? ℞ de 180.

Et l'operation faicte,viendront 180 pour le nombre cherché.
Et est icy à notter que quelques autheurs s'abbufent lourdement,
ne distrayant pas le nombre qui est outre les parties; ce que nous
difons,afin qu'on fe donne de garde de tomber en telles erreurs.

8. *Trouuer vn nombre, qui eftant multiplié par 5, & puis le double du pro-*
duit par 7, & à ce dernier produit adioufté 10, foit faict 850.

Premierement du nombre propofé 850, foit diftrait le nombre
10, qui eft adioufté au dernier produit, & resteront 840 : en apres
suppofons que nombre demandé foit 10: donc eftant multiplié par
5, viendrōt 50,qui doublez font 100,lefquels nous multiplierōs par
7, & viendront 700 : mais il falloit 840 ; & partant le nombre suppofé eft faux ; & pour trouuer le vray nous dirons ainfi,

　　　Si 700 viennent de 10, de combien viendront 840 ? ℞ de 12.

Et l'operation faicte, nous trouuerons 12 pour le nombre cherché : car iceluy multiplié par 5, fait 60, dont le double eft 120, qui
multipliez par 7,donnent 840,aufquels eftans adioufté 10,viennent
850, comme vouloit la queftion.

De la regle de faux de deux pofitions.

CHAPITRE XX.

VOVLANT refouldre quelque queftion par la regle de faux
de double pofition, il faut premierement feindre quelque
nombre à plaifir pour celuy cherché, & procedant auec iceluy felon la teneur de la queftion, fi on le trouuoit correfpondre à tout
ce qui eft propofé,iceluy nombre feint feroit le cherché,& partant
la queftion feroit refoluë: Mais s'il ne correfpond, ains qu'il foit

N

plus grand ou moindre que celuy conceu en la queſtion, il faudra
eſcrire à part, tant leur difference que le nombre feint, auec la lettre
P, ou M, entre deux, ſelon qu'iceluy nombre feint nous donnera
vn nombre plus grand ou moindre que celuy exprimé en la queſtion; c'eſt à dire que quand iceluy nombre trouué ſera plus grand,
la difference ou erreur ſera cottée par vn P, qui ſignifiera plus, & ſi
plus petit, par vne M qui ſignifiera moins. En apres il faudra feindre
vn autre nombre, auec lequel on procedera tout ainſi que deſſus; &
ayant trouué auec iceluy vne ſeconde difference, on l'eſcrira au deſſouz de la premiere, auſſi bien que le ſecond nombre feint ſouz le
premier, auec la notte de plus ou de moins entre ladite difference,
& iceluy nombre feint dont elle procede. Ce faict, ſoit multiplié en
croix le nombre de la premiere poſition par la ſeconde difference;
& le nombre feint à la ſeconde poſition par la premiere difference,
poſant les produits ſouz vne ligne: Cela faict, il faut conſiderer ſi les
deux differences ſont ſemblables ou diſſemblables; ſi elles ſont ſemblables, c'eſt aſſauoir toutes deux cottées par P, ou toutes deux par
M, ſoit oſté le moindre produit du plus grand, & auſſi la moindre
difference de la plus grande, & puis ce qui reſtera du produit ſoit
diuiſé par ce qui reſtera des differences, & le quotient ſera le nombre cherché. Mais ſi les deux differences ſont diſſemblables, c'eſt à
dire que l'vne ſoit nottée de P, & l'autre par M, les deux produits
ſoient adjouſtez enſemble, & auſſi les deux differeces; puis la ſomme des produits ſoit diuiſée par celle des differences, & le quotient
donnera le nombre cherché; ainſi qu'il ſera manifeſte par les exemples ſuiuans.

I. *Trouuer vn nombre de la moiétié duquel ayant oſté $\frac{1}{3}$ & $\frac{1}{4}$, reſtent 25.*

Prenons pour le nombre cherché 24., car iceluy a moiétié ſelon
la queſtion, & icelle moiétié, les autres parties exprimées, ſçauoir $\frac{1}{3}$
& $\frac{1}{4}$ ſans fiaction, qu'il faut taſcher d'euiter en toute poſition, afin
que l'operation en ſoit plus facile. Or la moiétié d'iceluy nombre
24 ſera 12; & $\frac{1}{3}$ & $\frac{1}{4}$ d'icelle ſont 4 & 3, qui font enſemble 7, qu'il faut
oſter de ladite moiétié 12, & reſteront 5: Mais nous voulions 25, &
partant le nombre 24, que nous auons feint eſtre celuy cherché, eſt
faux, & donne 20 moins qu'il ne faut: c'eſt pourquoy nous eſcrirõs

à part ledit nombre feint auec son erreur 20, auec la lettre M entre
deux, ainsi qu'il appert icy :

En apres nous feindrons vn autre nombre 48, duquel la moictié
est 24, qui a pour son tiers &
quart 8 & 6, qui font ensemble 14,
que nous leuerons de ladite moictié 24, & resteront 10 : mais nous
voulions trouuer 25; & partant le
nombre 48 que nous auons supposé est faux, & donne 15 moins
qu'il ne faut : c'est pourquoy nous
l'escrirons au dessouz des 24 de la

1. position 24   M   20 erreur 1.

$$X$$

2. position 48   M   15 erreur 2.

960   5
360

divisez 600 par 5, & viendront
120 pour le nombre cherché.

premiere position, & sa difference ou erreur 15 pareillement dessouz le premier, auec la lettre M entre deux. Ce faict, nous multiplierons en croix le nombre de chasque position par la difference
de l'autre, & viendront pour l'vn des produits 960, & pour l'autre
360, & cestuy-cy osté de celuy-là (à cause que les differences sont
semblables) resteront 600, qu'il faut diuiser par 5, difference des
erreurs, & nous trouuerons 120 pour le vray nombre cherché. Ce
qui est manifeste, car la moictié d'iceluy est 60, dont le tiers & le
quart sont 20 & 15, qui font 35, lesquels ostez de la moictié 60, restent 25, comme veut la question.

2. *Diuiser 50 en trois parties, telles que la seconde soit double de la premiere, & contienne encore 3 dauantage ; mais la troisiesme soit egale aux deux
autres, auec 5 dauantage.*

Feignons que la premiere partie soit 10 ; donc suiuant la teneur
de la question, la seconde sera 23, & la troisieme 38 ; lesquelles trois
parties font ensemble 71 ; mais nous voulions qu'elles fissent seulement 50 ; & partant nous auons 21 plus que nous ne voulions, lequel nombre 21, auec celuy de la position 10, nous poserons à part
separez par la lettre P, puis que nous auons trouué plus qu'il ne falloit, ainsi qu'il appert cy apres.

N ij

En apres faisons vne autre position, & feignons que la premiere
partie cherchée soit 8 : dõc selõ le
discours de la question, la secõde
sera 19, & la troisiesme 32 ; lesquelles trois parties ioinctes ensemble
font 59 : mais nous ne voulions
que 50 ; Parquoy le nombre posé
est faux, nous donnant 9 plus qu'il
ne faut : Nous le poserons donc

$$\begin{array}{ccc} 10 & P & 21 \\ & X & \\ 8 & P & 9 \\ \hline 168 & & 12 \\ 90 & & \\ \hline 78 & & \end{array}$$

au dessouz du premier, & son erreur 9 aussi au dessouz de la premiere, auec sa notte de plus. Cela faict, multiplions en croix le nombre
de chasque position par la difference ou erreur de l'autre, & nous
aurons à l'vn des produits 168, & à l'autre 90 : & d'autant que les differences sont semblables, estans toutes deux cottées par plus, nous
osterons la moindre d'icelles de la plus grande, & resteront 12, par
lesquels nous diuiserons la difference des deux produits trouuez,
qui est 78, & viendront au quotient $6\frac{1}{2}$ pour la premiere partie demandée. Ce qui est manifeste, car icelle premiere partie estant $6\frac{1}{2}$,
la seconde sera 16, & la troisiesme $27\frac{1}{2}$, lesquelles parties font ensemble 50, comme veut la question.

3. *Deux compagnons ioüans au dez, l'vn d'iceux tenant les dez, dit à l'au-*
tre, que s'il luy veut bailler 7 s. chasque fois qu'il amenera moins de 10, il
luy baillera 5 s. chasque fois qu'il amenera plus de 10, & ainsi s'accordent:
Aduient qu'ayant ioüé trente coups, celuy qui tenoit les dez trouue auoir
gagné 54 s. on demande combien de fois il a amené plus & moins de dix.

Supposons que celuy qui tenoit les dez ait amené 18 fois moins
de dix, & partant 12 fois plus 10. Or puisque il gagne 7 sols au
moins, & pert 5 sols au plus, il aura gagné 126 sols, & perdu 60 : tellement qu'il luy restera encore 66 sols de bon, qui est 12 sols plus
que nous ne voulions ; & partant le nombre supposé est faux, lequel nous escrirons à part auec son erreur plus, ainsi qu'il appert
icy.

Maintenant feignons que celuy qui tenoit le dé ait gagné 12 fois, & par consequent perdu 18 fois : les 12 fois de gain ne valent que 84 f. & les 18 fois de perte valent 90 f. Parquoy il auroit perdu 6 f. & nous voulions qu'il en gagnast 54; ce sont donc 60 d'erreur que nous a donné moins ceste position 12, que nous escrirons

$$\begin{array}{ccc} 18 & P & 12 \\ & X & \\ 12 & M & 60 \\ 1080 & & 72 \\ 144 & & \\ \hline 1224 & & \end{array}$$

au dessouz de la precedente auec son erreur moins 60. Cela faict, multiplions en croix le nombre de chasque position par l'erreur prouenuë de l'autre, & nous aurons en l'vn des produits 1080, & en l'autre 144, qu'il faut adjouster ensemble, à cause que les differences sont dissemblables, l'vne estant cottée plus, & l'autre moins, & viendront 1224 : nous adjousterons aussi icelles differences, & viendront 72, par lesquels nous diuiserons la susdite somme des deux produits 1224, & viendront au quotient 17 : c'est pourquoy nous dirons que celuy qui tenoit le dé a amené 17 fois moins de dix, & 13 fois plus : ce qui est manifeste; car gagnant 17 fois 7 fols, ce sont 119 f. & perdant 13 fois 5 fols, ce sont 65 f. qui ostez des 119 qu'il a gagnez, restent encore 54 f. de bon, comme veut la question.

4. *Vn homme donne* 100 *liures à trois de ses seruiteurs, pour estre desparty entr'eux, en telle sorte que le plus ieune en prenne certaine partie, celuy d'après deux fois autant que le plus ieune, moins* 6 *liu. & le plus aagé trois fois autant moins* 12 *l. on demande combien ils auront chacun?*

Posons premierement que le plus ieune prenne 12 liures; partant le second en aage prendra 18 li. & le plus vieil 24 : lesquels trois nõbres ioints ensemble ne font que 54 l. & ce doiuet estre 100 : & partant le nombre que nous auons supposé est trop petit, nous donnant 46 moins qu'il ne faut : Escriuons donc à part iceluy nombre posé 12, auec sa difference M 46, ainsi qu'il appert icy; puis faisons

$$\begin{array}{ccc} 12 & M & 46 \\ & X & \\ 20 & P & 2 \\ 920 & & 48 \\ 24 & & \\ \hline 944 & & \end{array}$$

N iij

vne autre pofition,feignant que le plus ieune doiue prendre 20 li-
ures:donc le fecond en prēdra 34, & le plus aagé 48 ; lefquels trois
nombres adjouftez enfemble font 102, & ce deuoient eftre feulement 100;le nombre fuppofé eft donc vn peu trop grand, puis qu'il
nous donne 2 plus qu'il ne faut. Parquoy nous poferons le nombre
de cefte feconde pofition 10 auec fa difference P 2 au deffouz de la
premiere:puis nous multiplierons le nombre de chacune defdites
pofitions par la difference de l'autre, & viendront 920 & 24, que
nous adjoufterōs enfemble,à caufe que les differences font diffem-
blables,& le tout fera 944, que nous diuiferons par la fomme des
deux differences,c'eft affauoir par 48, & viendrōt au quotient 19$\frac{2}{3}$,
qui fera pour la part du plus ieune;& partāt celuy d'apres doit auoir
33 l.$\frac{1}{3}$, & le plus vieil 47 l. lefquelles trois fommes font 100, comme
veut la queftion.

5. *Quelqu'vn demandant quelle heure il eft, on luy refpond qu'il adjoufte la*
moitié des heures paffées moins 2 aux $\frac{2}{3}$ des futures plus 3,& la moitié de ce
qui en viendra fera l'heure: affauoir quelle heure il eft?

Pofons qu'il fuft 8 heures; la moitié fera 4,dont nous ofterons
2,& refteront 2,que nous adjoufterons aux $\frac{2}{3}$ des futurs,qui font 2$\frac{2}{3}$,
plus 3,& feront en tout 7 heures$\frac{2}{3}$: mais nous auions fuppofé 8 heures, & partant il y a moins d'vn tiers d'heure: Nous efcrirons donc
à part cefte pofition 8, auec fa dif-
ference M $\frac{1}{3}$,ainfi qu'il appert icy:
Puis faifons vne autre pofition,&
feignons qu'il foit 9 heures: Or la
moitié moins 2 fera 2$\frac{1}{2}$, qui adjouftez aux deux tiers des futurs,
& 3 dauantage,feront 7$\frac{1}{2}$:& nous
auions pofé 9; partāt il y a moins
de 1$\frac{1}{2}$: C'eft pourquoy nous mettrons cefte feconde pofition 9

8	M	$\frac{1}{3}$
X		
9	M	1$\frac{1}{2}$
12		1$\frac{1}{6}$
3		
9		

auec fa difference M 1$\frac{1}{2}$ au deffouz de la premiere ; & puis procedant comme dit eft aux queftions precedentes, nous trouuerons
qu'il eſtoit 7 heures $\frac{6}{7}$. Ce qui eft manifeſte, car la moitié de ces
heures moins 2, fera 1 heure$\frac{6}{7}$, & les deux tiers des futurs, qui font
4 heures$\frac{2}{7}$, feront 2$\frac{6}{7}$,qui adjouſtez à 3,feront 5$\frac{6}{7}$,aufquelles fi on ad-

jouſte encore 1 heure $\frac{5}{7}$, viendront comme dit eſt 7 heures $\frac{5}{7}$.

6. *Si 5 aulnes de ſerge de Florence, & 10 aulnes de ſerge de limeſtre valent enſemble 120 liures ; & les deux aulnes de celle-là, auec vne aulne de celle-cy, valent auſſi enſemblément 25 liu. ſçauoir à combien reuient l'aulne de chacune deſdites ſerges?*

Pour ſouldre ceſte queſtion, nous feindrons premierement que l'aulne de la ſerge de Florence valle 10 l. dont les 5 aulnes vaudront 50 liures, qui oſtez des 120 l. exprimées en la queſtion, reſteront 70 l. pour la valeur des 10 aulnes de la ſerge de limeſtre, & par conſequent l'aulne vaudra 7 liures : Mais ſuiuant ces prix, les deux aulnes de Florence & celle de limeſtre vaudront 27 liures, & elles en doiuent valoir ſeulement 25 : tellement que ceſte poſition nous donne 2 liures plus qu'il ne faut ; c'eſt pourquoy nous mettrons à part ladite poſition 10 auec ſon erreur plus 2, ainſi qu'il appert icy. En apres nous ferons vne autre poſition, & feindrons que l'aulne de la ſerge de Florence vale 8 liures : donc les cinq aulnes vaudront 40 l. qui oſtez des 120 exprimées en la queſtion, reſteront 80 liures pour la valeur des 10 aulnes de la ſerge de limeſtre, & partant chaſque aulne

10	P	2
	X	
8	M	1
16		3
10		
26		

vaudra 8 liures : & ſuiuant ces prix, les deux aulnes de la ſerge de Florence, & celle de limeſtre, vaudront enſemble 24 liu. qui eſt vne liure moins que leur iuſte valeur : parquoy nous mettrons ceſte ſeconde poſition 8 auec ſon erreur moins 1 ſouz la premiere. Cela faict nous multiplierons en croix, & acheuerons comme dit eſt aux precedentes queſtions, & nous trouuerons que l'aulne de la ſerge de Florence vaut 8 liures $\frac{1}{3}$, & par conſequent celle de limeſtre 7 liures $\frac{1}{3}$.

7. *Deux hommes ayant 100 liures à deſpartir entr'eux également, arriue qu'ils ſe querellent, & chacun prend d'icelle ſomme ce qu'il en peut auoir : mais puis apres leur querelle eſtant appaiſée, le premier rendant $\frac{1}{3}$ de ce qu'il auoit pris au ſecond, & celuy-cy $\frac{1}{5}$ de ce qu'il auoit auſſi pris, ils trouuent*

qu'ils ont chacun 50 liures, ainsi qu'il falloit: assauoir combien chacun auoit premierement pris?

Feignons que le premier eust pris 30 l. & partant le second 70: le tiers du premier sera donc 10, qui desposez luy restent 20: & $\frac{1}{5}$ du second sera 14, qui baillez au premier, il aura 34 l. mais il en deuoit auoir 50, & partant le nombre supposé nous donne 16 moins qu'il ne faut: c'est pourquoy nous l'escrirons à part auec sa difference.

Feignons derechef que le premier ait pris 60; & partant le second 40. Donc $\frac{1}{3}$ du premier sera 20, qui desposés, luy resteront encore 40, qui auec $\frac{1}{5}$ du second feront 48, & il deuoit auoir 50: c'est donc 2 moins qu'il ne faut: & procedant selon les preceptes & exẽples cy-deuant, on trouuera que le premier auoit pris 64 l. $\frac{2}{7}$. & partant le second 35 $\frac{5}{7}$. Car $\frac{1}{5}$ de ce nombre cy estant adiousté aux deux tiers de celuy-là font 50, aussi bien que les $\frac{4}{5}$ restans auec l'autre tiers.

30	M	16
	X	
60	M	2
960		14
60		
900		

8. *Trouuer deux nombres, desquels le premier auec 150 soit triple du second; mais le second auec 150 soit égal au premier.*

Feignons que le premier nombre demandé soit 30, ausquels adioustons 150, & viendront 180 pour le triple du second nombre cherché, qui partant sera 60, & à iceluy nombre 60 adioustons 150, & viendront 210: mais se deuoit estre seulement 30; & partant il y a erreur de 180 à ceste position, c'est pourquoy nous la mettrõs à part, auec sadite difference plus 180. En apres nous feindrõs derechef que le premier nombre cherché soit 90, à iceluy adioustons 150, & viendrõt 240 pour le triple du second nombre requis, qui partãt sera 80; adioustons-y 150, & viendront 230: mais ce deuoit estre

30	P	180
	X	
90	P	140
16200		40
4200		
12000		

seulement 90:parquoy il y a 140 plus qu'il ne faut. Procedant donc selon la regle, on trouuera que le premier nombre du requis sera 300, & le second 150: car adiouſtans 150 à celuy-là, viendront 450, qui eſt triple de ceſtuy-cy, auquel ayans auſſi adiouſté 150, viendra 300 égal à celuy-là, comme veut la queſtion.

9. *Trouuer deux nombres, deſquels le premier, auec 12 vnitez du ſecond, ſoit ſextuple au reſte du ſecond; mais le ſecond, auec 15 vnitez du premier, ſoit decuple de ce qui reſtera au premier.*

Suppoſons que le ſecond nombre des requis ſoit 20, & d'iceluy oſtons-en 12 vnitez, reſteront 8, qui eſt la ſixieſme partie du premier nombre adiouſté auec 12; & partant iceluy premier nombre ſera 36, car 12 & 36 font 48, qui ſont ſextuple du reſte 8 : maintenant ſi de ce nombre premier 36, on en prend 15 pour les adiouſter au ſecond nombre 20, reſteront 21 au premier, & viendront 35 au ſecond, qui ſelon la teneur de la propoſition deuroient eſtre decuple du reſte 21, c'eſt à dire 210: parquoy le nombre ſuppoſé nous donne 175 moins qu'il ne faut : Faiſons donc vne autre poſition, & feignons que le ſecond nombre ſoit 60, & d'ice-luy oſtons-en 12 vnitez pour les adiouſter au premier nombre, & reſteront 48, qui ſelon la teneur de la propoſition ſont la ſixieſme partie dudit premier nombre ad-iouſté auec leſdites 12 vnitez, qui partant ſera 276; car 12 & 276 font

20	M	175
X		
60	M	2535

5 0 7 0 0	2 3 6 0
1 0 5 0 0	
4 0 2 0 0	

288, qui ſont ſextuple dudit reſte 48. Maintenant ſi de ce premier nombre 276 on en prend 15 pour les adiouſter au ſecond nombre 60, reſteront encore 261, & viendront 75 audit ſecond nombre, qui ſuiuant la propoſition deuroient eſtre decuple du reſte 261, c'eſt à dire 2610: parquoy le nombre ſuppoſé nous donne 2535 moins qu'il ne faut. Nous auons donc deux erreurs & differences auec leſquel-les on trouuera que le ſecond nombre demandé eſt 17 $\frac{2}{59}$, & le pre-mier 18 $\frac{11}{59}$: Ce qui eſt manifeſte; car prenant 12 vnitez du ſecõd auec le premier, reſteront 5 $\frac{2}{59}$ à celuy-là, & viendront 30 $\frac{12}{59}$ à ceſtuy-cy, qui eſt le ſextuple dudit reſte 5 $\frac{2}{59}$: mais prenant 15 vnitez du premier

18 $\frac{12}{59}$, pour les ioindre au ſecond 17 $\frac{2}{59}$, reſteront à celuy-là 3 $\frac{12}{59}$, & viendront à ceſtuy-cy 32 $\frac{2}{59}$, qui eſt decuple dudit reſte du premier, ainſi qu'il eſt propoſé.

10. *Trois compagnons iöuant entr'eux, le premier gagne incontinant la moiēié de l'argent du ſecond; mais puis apres le ſecond gaigne $\frac{1}{3}$ de l'argent du troiſieſme; & puis auſsi le troiſieſme gaigne le quart de l'argent que le premier a apporté au ieu: à la fin du ieu ils trouuent auoir chacun 700 liures: aſſauoir combien chacun a apporté ſur le ieu?*

Feignons que le premier ait apporté ſur le ieu 100 liures, & en oſtons $\frac{1}{4}$, c'eſt aſſauoir 25, & luy reſteront 75: mais pource que ſuiuant la teneur de la queſtion, ce reſte auec la moiēié de l'argent du ſecód, doit faire 700, ceſte moiēié ſera 625; car ce nombre, auec le reſte du premier, ſçauoir 75, faiēt 700. Le ſecond a donc apporté ſur le ieu 1250 liures; & puis en ayant perdu la moiēié, luy ſont reſtez 625. Mais puis que ce reſte, auec $\frac{1}{3}$ de ce qu'auoit le troiſieſme, doit faire 700, ce tiers ſera 75, car ce nombre auec le reſte du ſecód, fait 700: parquoy le troiſieſme a apporté ſur le ieu 225 liures; & partant apres en auoir perdu vn tiers, il luy reſtoit encore 150: mais ce reſte, auec vn quart du premier, c'eſt à dire auec 25, faiēt 175, & ſelon la queſtion il deuroit faire 700; & partant le nombre que nous auós ſuppoſé nous dóne 525 moins qu'il ne faut; c'eſt pourquoy poſons à part ce nombre auec ſa difference.

Feignons derechef que le premier ait apporté ſur le ieu 200 liures: iceluy en ayant laiſſé $\frac{1}{4}$, c'eſt aſſauoir 50, luy reſteront 150, qui auec la moiēié du ſecond doiuēt faire 700. La moiēié de l'argent du ſecond ſera donc 550 liures; & partant il a apporté auec ſoy 1100 liures: mais en ayāt perdu la moiēié, luy reſteront 550, qui auec le

$$100 \quad M \quad 525$$
$$X$$
$$200 \quad M \quad 350$$

105000	175
35000	
70000	

tiers de ce qu'a apporté le troiſieſme, doiuent faire 700 liures: donc le tiers de ce qu'auoit le troiſieſme ſera 150; & partant il auoit au commencement du ieu 450 liures, dont il a perdu $\frac{1}{3}$, & luy ſont reſtez ſeulement 300 liures, qui auec vn quart de ce qu'auoit apporté

le premier, sçauoir est auec 50, font 350, mais ce deuoient estre 700:
Il y a donc moins de 350 en ceste position. Maintenant nous auons
deux erreurs, procedãt auec lesquelles, on trouuera que le premier
auoit apporté sur le ieu 400 liures, le second 800, & l'autre 900.

II. *Diuiser vn nombre 30 en deux telles parties, que la premiere auec 60*
fasse vn nombre triple du nombre composé de l'autre partie & de 20.

Feignons que la premiere partie soit 20, & partant l'autre sera
10: Or la premiere auec 60 faict 80, & la seconde auec 20 faict 30,
dont le triple est 90, à quoy deuroit estre égal 80, selon la teneur de
la proposition. Parquoy le nombre 20, que nous auons feint estre
la premiere partie requise, nous donne 10 moins qu'il ne faut. Fei-
gnõs donc vn autre nombre, sça-
uoir 24; & partant l'autre partie
sera 6, qui auec 20 fait 26; mais le
premier 24 auec 60 fait 84, qui
selon la proposition doit estre le
triple de 26, c'est à dire 78; parquoy ceste secõde position nous
donne 6 plus qu'il ne faut. Nous
auons donc maintenant deux differences & erreurs dissemblables,

```
        20   M   10
             X
        24   P    6
       ─────      ─────
       240         16
       120
       ─────
       360
```

auec lesquelles on trouuera que la premiere partie requise est $22\frac{1}{2}$,
& l'autre $7\frac{1}{2}$. La premiere auec 60 fait $82\frac{1}{2}$, & la seconde auec 20
faict $27\frac{1}{2}$, dont est triple iceluy nombre $82\frac{1}{2}$, comme veut la proposition.

12. *Trouuer trois nombres, desquels le premier adjousté à 73 fasse le double*
des deux autres; mais le second auec 73 fasse le triple des deux autres; & le
troisiesme aussi adjousté à 73 fasse le quadruple des deux autres.

Posons que le premier nombre soit 1, ou quelconque autre nombre impair, afin d'éuiter les fractions: Or iceluy adiousté à 73, faict
74, qui selon la teneur de la question est le double des deux autres
nombres, qui partant font ensemble 37. Et d'autant que le second
auec 73 doit faire le triple du premier qui est 1, & du troisiesme, soit
diuisé 37 en deux telles parties, que la premiere auec 73 fasse le triple
du nombre composé de l'autre partie & de 1: Ce qu'on fera suiuant

ce qui eſt enſeigné en la precedẽte queſtion, operant ſelon laquelle, & comme il appert icy, on trou-
uera pour la premiere partie 10 $\frac{1}{4}$,
& pour l'autre 26 $\frac{3}{4}$. Parquoy le
premier nombre de ceſte queſtiõ
eſtant 1, le ſecond ſera 10 $\frac{1}{4}$, & le
troiſieſme 26 $\frac{3}{4}$: car ainſi le premier auec 73 faiɛt le double des
deux autres, & le ſecond auec 73
faiɛt le triple des deux autres. Si
donc le troiſieſme auec 73 faiſoit

$$2 \quad M \quad 33$$
$$X$$
$$5 \quad M \quad 21$$
$$\overline{1\,6\,5 \qquad 1\,2}$$
$$4\,2$$
$$\overline{1\,2\,3}$$

le quadruple des deux autres, on auroit ſatisfait à la queſtion:mais
il faiɛt 99 $\frac{3}{4}$, & il ne deuroit eſtre que 45 : (car le premier & le ſecõd
ne font que 11 $\frac{1}{4}$.) Nous auons donc 54 $\frac{1}{4}$ plus qu'il ne falloit, c'eſt
pourquoy mettons à part les nombres trouuez pour chacun des
cherchez, ſçauoir 1, 10 $\frac{1}{4}$, & 26 $\frac{3}{4}$, auec leur difference plus 54 $\frac{3}{4}$, ainſi
qu'il appert cy apres en la page ſuiuante.

　　Maintenant faiſons vne autre poſition, & feignons que le premier nombre ſoit 3, qui auec 73 fait 76, lequel nombre doit eſtre
double des deux autres, & partant
ils font 38. Et pource que le ſecõd
auec 73 doit faire le triple du premier, qui eſt 3, & du troiſieſme;
ſoit diuiſé le nombre 38 en deux
parties telles que la premiere
auec 73 faſſe le triple du nombre
compoſé de l'autre partie, & de 3 :
ce qu'on doit faire ſelon qu'il eſt
dit en la precedente queſtion, &

$$2 \quad M \quad 42$$
$$X$$
$$23 \quad P \quad 42$$
$$\overline{9\,6\,6 \qquad 8\,4}$$
$$8\,4$$
$$\overline{1\,0\,5\,0}$$

comme il appert icy. L'operation faiɛte, on trouuera pour la pre-
miere partie 12 $\frac{1}{2}$, & pour l'autre 25 $\frac{1}{2}$. Parquoy ſi le premier nombre de ceſte queſtion eſtoit 3, le ſecond ſeroit 12 $\frac{1}{2}$, & le troiſieſme 25 $\frac{1}{2}$: car ainſi le premier auec 73 fait le double des deux autres, & le ſecond auec les meſmes 73 fait le triple des deux autres. Si
donc le troiſieſme auec 73 faiſoit le quadruple des deux autres qui
font enſemble 15 $\frac{1}{2}$, la queſtion ſeroit ſolue: mais il fait 98 $\frac{1}{2}$, qui eſt
36 $\frac{1}{2}$ plus qu'il ne faudroit; car iceluy quadruple eſt ſeulement 62.

Pofons donc les trois nombres icy trouuez pour les cherchez au deffouz de ceux trouuez par la premiere pofition, auec leur erreur plus 36 $\frac{1}{2}$, ainfi qu'il appert icy.

Cela faict, multiplions en croix les premiers nombres par leurs erreurs, & auffiles feconds & troifiefmes, (finon qu'on vueille, apres auoir trouué le premier, chercher les deux autres, comme nous auons faict és pofitions cy deffus) puis des deux produits prouenans de chacun nombre, oftons toufiours le moindre du plus grand, & refterōt d'vn

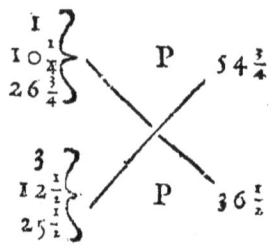

$$\begin{array}{c} 1 \\ 10\ \frac{1}{4} \\ 26\ \frac{3}{4} \end{array} \Big\}\ \ P\ \ 54\frac{3}{4}$$

$$\begin{array}{c} 3 \\ 12\ \frac{1}{2} \\ 25\ \frac{1}{2} \end{array} \Big\}\ \ P\ \ 36\frac{1}{2}$$

$164\frac{1}{4}$	$684\frac{3}{8}$	$1396\frac{1}{8}$	$18\frac{1}{4}$
$36\frac{1}{2}$	$374\frac{1}{8}$	$976\frac{3}{8}$	
$127\frac{3}{4}.$	$310\frac{1}{4}.$	$419\frac{3}{4}.$	

cofté 127 $\frac{3}{4}$, d'vn autre 310 $\frac{1}{4}$, & de l'autre 419 $\frac{3}{4}$: en apres oftons auffi la moindre difference ou erreur de la plus grande, & refteront 18 $\frac{1}{4}$, par lefquels nous diuiferons chacun des trois nombres reftans cy deffus, fçauoir 127 $\frac{3}{4}$, 310 $\frac{1}{4}$, & 419 $\frac{3}{4}$, & les trois quotiens donneront les trois nombres cherchez, dont le premier fera 7, le fecond 17, & le troifiefme 23. Ce qui eft manifeftement veritable, car le premier 7 adioufté à 73 fait 80, qui eft le double des deux autres qui font enfemble 40 : & le fecond 17, adioufté auec 73, fait 90, qui eft le nombre triple des deux autres ; mais le troifiefme auffi adioufté auec le mefme 73, faict 96, qui eft le nombre quadruple des deux autres, comme veut la queftion.

De l'extraction de la racine quarrée.

CHAPITRE XXI.

L ORS qu'vn nombre eft multiplié par foy-mefme, le produit qui en vient eft appellé nombre quarré ; & ce nombre multiplié eft dit cofté ou racine quarrée d'iceluy nombre produit : ainfi 2 multiplié en foy, produit 4, qui eft dit nombre quarré, & 2 qui l'a produit, eft appellé cofté ou racine quarrée d'iceluy nombre 4. Item

5 multiplié en foy, faict 25, qui eft dit nombre quarré, duquel la racine quarrée eft 5. Item 144 eft nombre quarré, pource qu'il eft produit par 12 multiplié en foy, qui eft fa racine quarrée. Il eft donc manifefte qu'extraire ou trouuer la racine quarrée de quelque nombre propofé, n'eft autre chofe que chercher vn nombre, lequel multiplié en foy produife iceluy nombre propofé, s'il eft quarré; ou s'il
n'eft nombre quarré, le plus grand nombre quarré contenu en iceluy. Ainfi extraire la racine quarrée de 64, eft trouuer vn nombre
8, qui multiplié en foy produife iceluy nombre propofé 64. Item,
extraire la racine quarrée de 289, eft l'inuention du nombre 17, qui
multiplié en foy produit ledit nombre propofé 289. Item, l'extraction de la racine quarrée de ce nombre 540, eft l'inuétion du nombre 23, qui multiplié en foy produit 529, qui eft le plus grand nombre quarré de tous ceux contenus audit nombre propofé.

Or pour pratiquer cefte extraction, il faut premierement fçauoir les nombres quarrez des neuf fimples figures, qui font comme
s'enfuit.

Racines 1,   2,   3,   4,   5,   6,   7,   8,   9.
Quarrez 1,   4,   9,   16,   25,   36,   49,   64,   81.

Maintenant ces racines fimples, & leurs quarrez eftans cogneus,
nous viendrons à cognoiftre la racine de quelque autre nombre
plus grand que 100 : Comme pour exemple, voulant extraire la racine quarree de ce nombre 2704, nous procederons en cefte maniere : Soit premierement pofé ledit nombre propofé 2704, comme
il appert cy apres, & commençant à dextre, foient feparees les figures de deux en deux par poincts ou petites lignes : puis venant à feneftre, foit cherché la racine ou cofté du nombre de la derniere trãche : ou s'il n'en a point, foit pris le moindre plus prochain ; comme
en noftre exemple ; le nombre de la derniere tranche vers feneftre
eft 27, qui n'eft point trouué entre les quarrez cy deuant. Il n'eft
donc point quarré, mais le moin-
dre quarré plus prochain eft 25, &
fa racine 5. Ie mets donc icelle ra-   2
cine à part vers dextre au quo-   2 7|0 4 (5
tient, ainfi qu'en la diuifiõ, & ofte   ‾‾‾‾‾‾‾

fon quarré, fçauoir 25 de 27, & reftent 2, que ie pofe au deffus de 7, ainfi qu'en la diuifion, couppant 27 par petits traits. Ce faict, il faut doubler cefte racine trouuee, & pofer ce double fouz la dixaine de la feconde tranche, s'il eft d'vne feule figure; mais s'il y en a deux, foit pofée l'autre d'ordre vers feneftre. Ie double donc la racine 5, & font 10, que ie pofe au deffouz de 20, comme il appert en cefte autre formule. En apres faut faire comme fi on vouloit diuifer par ce double : mais il faut obferuer que le nombre qu'on trouuera di- uifant doit eftre mis tant au quo- tient, que fouz le nombre de la

$$\frac{x\ 7\ \phi\ \text{\cancel{4}}}{x\ \phi\ x} \quad \lceil 5\ 2$$

tranche à laquelle on eft paruenu, & faire qu'il foit auffi diuifeur. Ie dis donc, combien de fois 1 eft-il en 2 ? c'eft 2 fois, que ie pofe tant au quotient, que fouz le 4 de la tranche ; & faifant tout ainfi que fi ie diuifois par 102, ie trouue qu'il ne refte rien. Que s'il y auoit en- core quelque tranche au nombre propofé, il faudroit encore dou- bler le quotient 52, & on auroit 104, par lefquels faudroit diuifer comme dit eft cy deffus, & ainfi confequemment des autres tran- ches. Ie dis donc que 52 eft la racine quarree de 2704.

Il appert donc que toute la doctrine de cefte extraction confifte en ces 4 poincts.

1. Qu'ayant diftingué le nombre propofé de deux en deux figures, allant de dextre vers feneftre par poincts ou petites lignes, il faut trouuer la racine du nombre de la derniere tranche vers feneftre.

2. Qu'il faut doubler tout ce qui eft au quotient, & pofer ce dou- ble fouz la tranche fuiuante, en forte qu'il n'y ait rien au deffouz de la derniere figure d'icelle tranche.

3. Qu'il faut diuifer par ce double, en cherchant combien de fois il eft contenu au nombre qui luy eft fuperieur, obferuant que le combien qu'on prendra doit eftre pofé, tant au quotient que fouz la derniere figure du nombre qu'on diuife, comme faifant partie du diuifeur.

4. Qu'il faut multiplier tout ce diuifeur par le combien, ou fimple nombre dernier mis au quotient, & leuer le produit du nombre fu- perieur tout ainfi qu'en la diuifion.

Et afin de rendre cecy plus manifefte: Soit encores propofé à

trouuer la racine quarree de ce nombre 216225. Ie pofe donc iceluy comme il appert icy, & apres
l'auoir feparé de deux figures en
deux figures, ie trouue que la racine quarree prochaine moindre
de la premiere tranche vers fene-

$$5$$
$$\cancel{2}\ \ 1|6\ 2|2\ 5\ \ [\,4$$

ftre, qui vaut 21, eft 4, que ie pofe au quotient; & oftant le quarré d'i-
celle racine 4, qui eft 16, de 21 reftent 5. Maintenant ie double cefte
racine trouuée, & font 8, que ie pofe fouz les dixaines de la feconde
tranche, qui eft 6, comme il ap-
pert en cefte feconde formule :
puis ie regarde combien de fois 8
eft en 56, il eft 7 fois : mais ie ne l'y
prend que 6 fois, d'autant qu'il
faut pofer le nombre qu'on prēd
apres 8 fouz le 2, & faire comme fi
on diuifoit par 86 ; & par ainfi 86

$$4$$
$$\cancel{8}\ \cancel{8}\ 6$$
$$\cancel{2}\ 1|\cancel{6}\ 2|2\ 5\ \ [\,46$$
$$\overline{8\ \cancel{6}}$$

font 6 fois en 562, & reftent 46. Ie
double maintenant le quotient
46, & font 92, que ie pofe fous
462, ainfi qu'il appert en cefte
troifiefme formule : puis regardāt
combien de fois 9 eft contenu en
46, ie trouue qu'il y eft 5 fois : &
ayant pofé 5, tant au quotiēt que
fouz le nombre de la tranche, ie

$$4\ \cancel{2}$$
$$\cancel{8}\ \cancel{8}\ \cancel{6}$$
$$\cancel{2}\ 1|\cancel{6}\ 2|2\ \cancel{5}\ \ [\,465$$
$$\overline{8\ \cancel{6}\ 2\ \cancel{5}}$$
$$9$$

fais comme fi i'auois diuifé 4625 par 925, & ne refte rien : & partant le nombre propofé eftoit quarré, dont la racine eft 465.

Que fi le nombre propofé n'eft quarré, c'eft à dire qu'il refte
quelque chofe ayāt extrait la racine comme dit eft cy deffus, il faudra tirer vne ligne apres la racine, & pofer fur icelle ledit refte, mais
au deffouz le double de ladite racine, obferuant d'adjoufter encore
1 à ce double, fi le refte eft plus que la racine : car alors on aura la racine plus precife : Comme pour exemple, ayant extrait la racine
quarree de 10, viennent 3, & refte 1. Ie pofe donc 1 au deffus d'vne
ligne, & le double de 3 au deffous en cefte forte $\frac{1}{6}$, & partant ie dis
que la racine quarrée de 10 eft peu moins de $3\frac{1}{6}$. Mais ayant extrait
la

la racine quarree de 34, viennent 5, & restent 9, que ie pose au dessus d'vne ligne, & le double de 5 plus 1 au dessous, ainsi $\frac{9}{11}$, & partant ie dis que $5\frac{9}{11}$ est presque la racine quarree de 34.

Quelques-vns pour approcher encore plus pres de la vraye racine, adjoustent au nombre proposé des nulles ou zero en nombre binaire, c'est à dire deux, ou quatre, ou six, ou huict, &c. selon qu'ils veulent approcher de la verité : car tant plus on y en ioint, tant plus pres la racine trouuee approchera de la vraye : en apres ils tirent la racine quarree de tout ce nombre; & l'extraction faicte, ils delaissent ce qui reste comme inutile, & diuisent la racine trouuee par 10, ou par 100, ou par 1000, &c. selon le nombre des nulles adjoints, c'est à dire qu'ayant adjousté au nombre proposé deux nulles, ils diuisent par 10; quatre nulles, par 100; six nulles, par 1000, &c. & viet au quotient de la diuision la racine cherchée. Ainsi voulant extraire la racine quarree du nombre 34, ie luy adjoint 0000, qui est autant que le multiplier par 10000, & de tout le nombre, qui est 340000, ie prends la racine quar-

ree, comme il appert icy, & trouuant qu'elle est 583, ie ne tiës conte du reste 111, mais diuise icelle racine 583 par 100, à cause que i'ay apposé deux binaires de nulles au nombre proposé, & vient au quotient $5\frac{83}{100}$ pour la racine quarree dudit nöbre 34, qui est beaucoup

$$
\begin{array}{c}
1 \\
1 \cdot 3\ 1 \\
9\ 3\ 6\ 2\ 1 \\
3\ 4\,|\,0\ 0\,|\,0\ 0\ (583 \\
\hline
1\ 0\ 8 \\
1\ 1\ 6\ 3
\end{array}
$$

plus precise que $5\frac{9}{11}$ cy dessus trouuez : car le quarré de celle-là est $33\frac{1196569}{1210000}$, & le quarré de ceste-cy n'est que $33\frac{1030000}{1210000}$.

Mais s'il faut extraire la racine quarree d'vne fraction, si tant le numerateur que le denominateur sont nombres quarrez, faudra prendre la racine du numerateur, puis celle du denominateur : comme $\frac{4}{9}$ estant proposez, ie prend la racine de 4 & de 9, & sont $\frac{2}{3}$ pour la racine quarree de $\frac{4}{9}$: mais estant proposez $\frac{7}{48}$, ie reduits ceste fractiö à petit nombre, & est $\frac{9}{16}$? puis ie prend la racine de 9 & 16, & sont 3 & 4 : & partant la racine de $\frac{7}{48}$ ou $\frac{9}{16}$, est $\frac{3}{4}$. Mais si de toute fraction proposée à extraire la racine, on multiplie le denominateur par le numerateur, & du produit on tire la racine, icelle estant diuisee par le denominateur de la fraction proposée, sera donnee la racine re-

P

quife : Comme $\frac{4}{9}$ eftant propofez, ie multiplie 9 par 4, & font 36, dont la racine eft 6, que ie diuife par le denominateur 9, & viennēt $\frac{2}{3}$ pour la racine de $\frac{4}{9}$, comme cy deffus. Ainfi eftant propofez $\frac{5}{8}$, ie multiplie 8 par 5, & font 40, dont la racine prochaine eft $6\frac{1}{3}$, que ie diuife par 8, & viennent $\frac{19}{24}$, pour la racine prochaine de $\frac{5}{8}$.

Que fi on veut extraire la racine quarree d'entiers & fractions, il faut premierement reduire l'entier en fa fraction, puis prendre la racine, comme dit eft cy deffus. Comme eftant propofez $5\frac{1}{2}$, ie reduits les entiers auec la fraction, & font $\frac{11}{2}$, dont ie prend la racine, & viennent $2\frac{1}{3}$, & telle eft la prochaine racine de $5\frac{1}{2}$.

Or pour faire la preuue, & examiner fi l'extraction de la racine quarrée a efté deuëment faicte, il faut multiplier ladite racine par foy-mefme, & fi au produit vient vn nombre égal au propofé, l'operation fera bien faicte, autrement non : mais il eft à obferuer que fi le nombre propofé n'eftoit quarré, qu'ayant multiplié les entiers de la racine comme dit eft, il faudroit adjoufter auec le produit le nombre reftant de l'extraction. Comme pour exemple, ayant extrait la racine quarree de ce nombre 1472, comme il appert icy, & trouué que fa racine eft 38, mais qu'il refte encore 28 : pour examiner fi l'operation a efté bien faicte, ie multiplie ladite racine 38 par foy-mefme, & au produit adjoufte les 28 reftans ; & trouuant que la fomme totale eft égale au nombre propofé 1472, ie cōcluds que l'operation a efté bien & deuëment faicte.

On peut auffi faire iceluy examen par la reiection des 9, procedant tout ainfi qu'en la preuue de la diuifion, n'y ayant aucune difference finon qu'il faut icy prendre la racine trouuée, tant pour diuifeur que pour quotient. Ainfi voulant examiner la mefme operation cy deffus, en laquelle nous auons trouué que la racine de 1472 eft 38, ie reiette les 9 d'icelle racine, & refte 2, que ie pofe aux deux bouts de la ligne tranfuerfalle d'vne croix ; puis ie les multiplie entr'eux, & viennent 4, que i'adjoufte aux 28 reftans de l'extraction,

& font 32, dont ie reiette les 9, & reftent 5, que ie pofe au fommet de
la croix : puis ie reiette auffi les 9 du nombre propofé 1472, & reftêt
pareillement 5, que ie pofe auffi au bas de la croix : & d'autant que
ce nombre eft égal à celuy du fommet, ie conclud que l'operation
a efté bien faiĉte.

Extraĉtion de la racine cubique.

CHAPITRE XXII.

QVAND vn nombre multiplie fon quarré, le produit qui en
vient eft appellé nombre cube; & ce nombre là eft dit cofté
ou racine cubique de ceftuy-cy : ainfi 3 multipliant fon quarré 9,
produit 27, qui eft dit nombre cube, duquel la racine cubique eft
iceluy 3. Semblablement 343 eft vn nombre cube, duquel la racine
cubique eft 7; car iceluy nombre 343 eft procrée de la multiplication de 7 par fon quarré 49. Item, le nombre 1728 eft dit nombre
cube de 12, pource que 12 fois 12 font 144, & derechef 12 fois 144
font iceluy nombre 1728. Parquoy extraire la racine cubique de
quelque nombre propofé, n'eft autre chofe que trouuer vn moindre nôbre qui multiplié en foy mefme, & le produit encore par iceluy moindre, procrée le propofé, s'il eft nombre cube, ou s'il ne
l'eft, le plus grand de tous ceux contenus en iceluy. Ainfi l'extraĉtiõ
de la racine cubique du nombre 343, eft l'inuention du nombre 7:
car iceluy eftant multiplié en foy, produit le quarré 49, qui eftant
encore multiplié par le mefme 7, procrée ledit nombre propofé 343.
Item, l'extraĉtion de la racine cubique du nombre 1732, eft l'inuention du nombre 12; car iceluy multiplié en foy, produit le nombre
quarré 144, qui eftant encore multiplié par le mefme 12, produit le
nombre cube 1728, qui eft le plus grand de tous ceux contenus audit nombre propofé 1732.

Or pour pouuoir pratiquer cefte extraĉtion, il conuient premierement fçauoir tous les nombres cubes des neuf fimples figures,
qui font telles que tu les vois icy au deffouz de leurs racines, & des
nombres quarrez y repetez.

P ij

Racines	1,	2,	3,	4,	5,	6,	7,	8,	9.
Quarrez	1,	4,	9,	16,	25,	36,	49,	64,	81.
Cubes	1,	8,	27,	64,	125,	216,	343,	512,	729.

Par cefte tablette, eft manifefte que tout nombre cube prouenãt d'vne fimple figure n'en peut auoir que trois au plus en fa figuration ; & au contraire que tout nombre de trois figures n'en peut auoir qu'vne pour fa racine cubique : De là vient que fi on veut extraire la racine cubique de quelque nombre propofé plus grand que 1000, (car il n'y a point d'art pour la tirer des moindres , finon par fractions.) il le faut premierement diftinguer de trois en trois figures par poincts ou petits traits commençant à dextre, & autant qu'il y aura de parties ainfi diftinguées, autant y aura-il de figures en toute la racine cubique dudit nombre propofé : Comme pour exẽple, voulant tirer la racine cubique de ce nõbre 94818816, ie le diftingue de trois en trois figures par petites lignes, ainfi qu'il appert cy deffouz, & par ainfi il eft diuifé en trois parties, ayant chacune trois figures, excepté la derniere vers feneftre qui n'en a que deux : parquoy ce nombre n'aura que trois figures en fa racine cubique.

Ce nombre eftant ainfi difpofé, ie confidere que le nombre 94 de la derniere tranche vers feneftre n'eft point contenu entre les nombres cubes de la tablette cy deffus ; & partant qu'il n'eft pas nombre cube, c'eft pourquoy ie regarde quel eft le plus grand cube d'iceluy nombre, & voyant que c'eft 64, dont la racine cubique eft 4, ie pofe icelle racine 4 au quotient marqué, ainfi qu'en la diui-

$$
\begin{array}{l}
3\,0 \\
9\ 4 | 8\,18 | 816\ \ [\,4 \\
\overline{6\ 4 \ \ 4} \\
\overline{1\,6} \\
3\,0\,0 \\
\overline{4\,8\,0\,0}\ \textit{diuifeur de la feconde tranche.}
\end{array}
$$

fion & extraction de la racine quarrée, puis ie pofe femblablement

son cube 64 au deſſouz des 94 de ladite premiere tranche, afin de
l'en ſouſtraire, & reſtent 30, que ie poſe au deſſus tout ainſi qu'en la
diuiſion : Cela faict, la premiere tranche ſera expediee, & demeure-
ra pour la ſeconde ce nombre 30818, duquel nous obtiendrons la
racine en ceſte maniere.

Il faut multiplier en ſoy la racine ja trouuée, & viendront 16, qu'il
faut multiplier par 300, & viendront 4800, par leſquels il faut diuiſer ladite ſeconde tranche, c'eſt pourquoy nous poſerons ce nombre diuiſeur 4800 ſouz icelle tranche 30818, ainſi qu'il appert en
ceſte ſeconde formule.

```
  3
  3 ϕ 6 9 3
  9 4 8 2 8 1 8 1 6 [4 5          4 8 0 0                 4
    6 4              4 5                5                 3 0
    . 4 8 0 0        2 2 5        2 4 0 0 0               1 2 0
    2 7 1 2 5        1 8 0         3 0 0 0                  2 5
                                    1 2 5                 6 0 0
                     2 0 2 5      2 7 1 2 5               2 4 0
                       3 0 0                             3 0 0 0
       6 0 7 5 0 0  diuiſeur de la troiſieſme tranche.
```

En apres ſoit conſideré combien de fois ledit diuiſeur 4800 eſt
contenu en ſon nombre ſuperieur 30818, & bien que ſelon la ſimple
diuiſion il y ſoit contenu 6 fois, ſi eſt-ce neantmoins que nous ne
l'y prendrons que 5 fois, à cauſe de l'adiȯction qu'il faut faire à iceluy diuiſeur ; & ayant poſé iceluy nombre 5 au quotient pour la ſeconde figure de la racine, nous multiplierons le diuiſeur par iceluy,
& viendront 24000 : en apres ſoit multipliée la premiere figure de
la racine 4 par 30, & ſon produit 120 par le quarré de la nouuelle
figure trouuée 5, & viendront 3000, qui auec le cube d'icelle derniere figure, qui eſt 125, ſoient adiouſtez au produit du diuiſeur
24000, & viendront 27125, qu'il faut poſer ſouz la ſeconde tranche pour le ſouſtraire du nombre d'icelle 30818, quoy faict y reſtera encore 3693, qui auec la troiſieſme tranche font 3693816, dont il
faut chercher la figure radicale, tout ainſi que de ceſte ſeconde
tranche : Car ce qui eſt fait en l'operation d'vne tranche, doit auſſi

eſtre faict en l'expedition de chacune des autres.

Nous multiplions donc en ſoy la racine ja trouuée, & viendront pour ſon quarré 2025 que nous multiplierons par 300, & viendront 607500, pour le diuiſeur de la troiſiefme tranche, que nous poſerōs ſouz icelle, comme appert en ceſte troiſiefme formule. Ce fait, ſoit

conſideré combien de fois iceluy diuiſeur eſt contenu en ſon nombre ſuperieur 3693816, & l'y trouuant 6 fois, nous poſerons 6 au quotient pour troiſiefme figure radicale, & par icelle multiplierons noſtredit diuiſeur, & viendront 3645000 ; en apres nous multiplierons les deux precedentes figures radicales 45 par 30, & leur produit 1350 par le quarré de la nouuelle figure trouuee, & viendront 48600, qui auec le cube d'icelle nouuelle figure, qui eſt 216, ſoient adiouſtées au produit du diuiſeur cy deſſus trouué 3645000, & viēdront 3693816 qu'il faut poſer ſouz noſtre troiſiefme tranche pour le ſouſtraire du nombre d'icelle, quoy faiſant il ne reſtera rien. Parquoy nous dirons que le nombre propoſé 94818816 eſt nombre cube, duquel la racine cubique eſt 456.

Il eſt donc éuidēt que tout l'art d'extraire les racines cubes conſiſte en ces trois principaux poincts.

1. Qu'ayant diſtingué le nombre propoſé de trois en trois figures par poincts ou petites lignes, il faut trouuer la racine cubique du nombre de la derniere tranche vers ſeneſtre.

2. Que par l'expedition de chacune des autres tranches, il faut multiplier par 300 le quarré de la racine ja trouuée, c'eſt à dire le quarré de tont ce qui ſera au quotient, & le produit qui en viendra ſera diuiſeurde la tranche qu'on veut expedier, lequel on poſera ſouz ladite tranche.

3. Il faut confiderer combien de fois iceluy diuifeur peut eftre compris au nombre qui luy eft fuperieur ; & ayant multiplié ledit diuifeur par le nombre qu'on l'eftime y eftre contenu, il faut auffi multiplier le nombre radical des tranches ja expediées par 30, & le produit par le quarré de la nouuelle figure radicale trouuee, & porter ce qui en viendra fouz le produit du diuifeur, comme auffi le cube d'icelle nouuelle figure ; & ayant adjoufté ces trois fommes enfemble, on doit ofter la fomme totale du nombre de la tranche qu'on expedie.

Mais afin de rendre ces chofes encore plus claires & intelligibles foit derechef propofé à extraire la racine quarree de ce nombre 350253538649. Suiuant donc le premier poinct cy deffus, ie diftingue iceluy nombre de trois en trois figures par de petits traits, comme il appert cy deffouz ; & puis ie cherche la racine cubique de la premiere tranche vers feneftre, laquelle vaut 350, dont le plus grand cube y contenu eft 343, qui a 7 pour racine, c'eft pourquoy ie pofe 7 au quotient, & ofte fon cube 343 de ladite premiere tranche, & refteront 7, que ie pofe au deffus du zero d'icelle premiere trãche, tellement qu'il y aura 7253 pour la feconde tranche.

```
        7
    3̷ 5̷ 0̷|2 5 3|5 3 8|6 4 9  [7
    3̷ 4̷ 3̷ .                    7
                              ____
                               49
                              300
                            _____
                          14700 diuifeur de la feconde tranche.
```

Ce faict, ie multiplie la racine trouuée par foy mefme, afin d'en auoir fon quarré, fuiuant ce qui eft dit au fecond article cy deffus, pour lequel vient 49, que ie multiplie par 300, & viennent 14700 pour le diuifeur de la feconde tranche, fouz laquelle il le faudroit porter, n'eftoit qu'il eft plus grand que le nombre d'icelle, & partãt qu'il n'y peut eftre contenu, c'eft pourquoy fans autre perquifition ie pofe vn o au quotient, & en adjoint deux à iceluy diuifeur de la feconde tranche, & viennent 1470000 pour le diuifeur de la troifiefme tranche, fouz laquelle l'ayant pofé, comme il appert en cefte autre formule, ie regarde combien de fois il y peut eftre contenu:

```
        I
      7̶339874
   3̶8̶0̶|2̶8̶3̶|8̶3̶8̶|649  [704                5880000
   3̶4̶3̶                704                   33600
        1470000        2816                     64
      5̶9̶1̶3̶6̶6̶4̶        4828                 5913664
                      495616
                        300
```

    1 4 8 6 8 4 8 0 0 *diuifeur de la quatriefme tranc.*

& trouuant qu'il y peut bien eftre 4 fois, ie pofe 4 au quotient : puis fuiuant ce qui eft dit au troifiefme precepte cy deffus, ie multiplie le diuifeur 1470000 par cefte nouuelle figure 4, & viennent 5880000: ie multiplie auffi le nombre radical des tranches precedentes, fça-uoir 70 par 30, & le produit 2100 encore par le quarré de ladite nouuelle racine 4, c'eft affauoir par 16, & viennent 33600, que ie pofe au deffouz defdits 5880000 cy deffus trouuez, comme auffi le cube d'icelle nouuelle figure radicale 4, qui eft 64: puis i'adioufte ces trois fommes enfemble, & viennent 5913664, que ie pofe au def-fouz de noftre troifiefme tranche, pour l'ofter d'icelle, & refteront 1339874, qui ioinct à la quatriefme tranche, faict 1339874649, pour le nombre d'icelle tranche.

Maintenant il faut encore reprendre ce qui eft au deuxiefme precepte, & fuiuant iceluy trouuer vn nouueau diuifeur, en quar-rant la racine ja trouuee 704, & multipliant le produit 495616 par 300, pour lequel viendront 148684800, que ie pofe au deffouz du nombre correfpondant à la quatriefme tranche, comme il appert en cefte autre formule; & puis confiderant combien de fois il y eft contenu, ie l'y trouue 9 fois: ie pofe donc 9 au quotient, & puis fui-uant le troifiefme precepte, ie multiplie le diuifeur par icelle nou-uelle racine, & viennent 1338163200: ie multiplie auffi le nombre

            radical

radical precedent, fçauoir 704 par 30, & viennēt 21120, que ie mul-

```
  1
  7339874
380 28388649 [7049        1338163200
  343                       1710720
     1470000                    729
  89276667               1339874649
   148684800
  1339874649
```

tiplie encore par 81 quarré d'icelle nouuelle figure 9, & viennent 1710720, que ie pofe au deffouz du produit du diuifeur, comme auffi 729 cube de ladite nouuelle figure radicale; puis i'adioufte ces trois nombres enfemble, & viennent 1339874649, que ie porte au deffouz de noftre quatriefme tranche, pour l'ofter du nombre d'icelle; ce qu'eftant faict, il ne refte rien de tout le nombre propofé. Parquoy nous concluōs que le fufdit nombre 350253538649 eft parfaictement cube, & que fa racine cubique eft 7049.

Que fi le nombre propofé n'eftoit nombre cube, c'eft à dire qu'ayant tiré la racine cubique comme dit eft cy deffus, il refta quelque chofe. On n'en pourroit auoir la racine precife, ains feulement à peu pres; & pour ce faire, il faut tirer vne ligne droicte apres la racine trouuée, & fur icelle pofer ledit refte pour numerateur d'vne fraction, & pour le regard du denominateur, Tartaglia enfeigne qu'on doit adioufter le triple de ladite racine au triple du quarré d'icelle: Comme pour exemple, voulant trouuer la racine cubique de 50, nous prendrons celle de fon plus grand cube 27, qui eft 3, & refteront 23 pour numerateur de la fraction; mais pour auoir le denominateur, nous triplerons icelle racine 3, & viendront 9, qui adiouftez au triple du quarré de la mefme racine, viendront 36 pour ledit denominateur: tellement que la racine cubique du nombre propofé 50 fera à peu pres $3\frac{23}{36}$. Mais la racine trouuée par cefte maniere eft quelquefois bien efloignée de la verité, c'eft pourquoy qui voudra proceder plus certainement, il doit adioufter au bout du nombre propofé, tant de fois trois nulles qu'on voudra appro-

cher plus pres de la vraye racine,& sur ce continuër l'extraction,&
icelle paracheuée,ne faudra tenir compte de ce qui restera,& prendre la racine trouuée pour numerateur d'vne fraction qui ait pour
denominateur 10,si on a adiousté seulement trois nulles;mais 100,
si on en a adiousté six ; & 1000, si on en a adiousté 9. Et pour esclaircir cecy,reprenons l'exemple precedent où estoit proposé à tirer la racine cubique de 50: adioustons-y donc 000000,& du tout
50000000 en tirons la racine cubique suiuât les preceptes cy dessus , & comme il appert icy : quoy faict,nous trouuerons pour icel-

$$
\begin{array}{l}
3\,1\,6\,3 \\
2\,3\,3\,4\,4\,9\,6\,8 \\
5\,0\,0\,0\,0\,0\,0\,0 \quad [368\ qui\ font\ \tfrac{368}{100},\ c'est\ à\ dire\ 3\tfrac{17}{25}. \\
\hline
2\,7 \\
\hline
2\,7\,0\,0 \\
1\,9\,6\,5\,6 \\
\hline
3\,8\,8\,8\,0\,0 \\
3\,1\,8\,0\,0\,3\,2
\end{array}
$$

le 368,qui ne font que des 100ᵉ,à cause que nous auons adiousté six
nulles au nombre proposé 50;& partant ceste racine cubique de 50
ne vaut que $3\frac{68}{100}$ ou $3\frac{17}{25}$.

Or voilà pour l'extraction de la racine cubique des nombres entiers;& pour celle des fractions, est à notter qu'il faut premieremêt
considerer si la fraction est exprimée par sa moindre denomination, & si elle n'y est i'y reduire ; puis tirer la racine cubique,tant du
numetateur que du denominateur : Comme pour exemple, estant
proposé à tirer la racine cubique de $\frac{24}{81}$, ie les reduits en leurs mini-
me denominatiõ, & viennent $\frac{8}{27}$; & pource que tant le numerateur
que denominateur sont nombres cubes, ie tire la racine de chacun
d'iceux nombres,& viennent $\frac{2}{3}$ pour la racine cubique de ladite fraction proposée.

Mais pour extraire la racine cubique de toute fraction sans distinction de nombres cubes ou non cubes,il faut multiplier le quarré du denominateur de la fraction par le numerateur d'icelle, & de
ce qui en prouiendra tirer la racine cubique au plus pres qu'il sera

poſſible,laquelle eſtant diuiſée par le denominateur, donnera la racine requiſe. Le meſme ſera trouué multipliant le quarré du numerateur par le denominateur, & diuiſant le numerateur par la racine cubique du produit. Comme $\frac{8}{27}$ eſtans propoſez, ie quarre premierement le denominateur 27, & viennent 729, que ie multiplie par le numerateur 8, & viennent 5832, dont la racine cubique eſt 18,& icelle diuiſée par le denominateur 27, donne $\frac{18}{27}$, c'eſt à dire $\frac{2}{3}$ pour la racine cubique de la fraction propoſée $\frac{8}{27}$.Suiuant l'autre maniere,ie quarre le numerateur 8,& viennent 64, que ie multiplie par le denominateur 27,& viennent 1728,dont ie preds la racine cube,qui eſt 12; par laquelle ie diuiſe le numerateur 8,& viennent $\frac{8}{12}$, c'eſt à dire $\frac{2}{3}$ comme deuant, pour la racine cubique de $\frac{8}{27}$. Soit encore propoſé $\frac{5}{7}$; ie multiplie 49, quarré du denominateur 7,par le numerateur 5,& viennent 145,dont la prochaine racine cubique ſera trouuée de $6\frac{25}{100}$, laquelle diuiſée par le denominateur 7, faict $\frac{625}{700}$, c'eſt à dire $\frac{25}{28}$ pour la racine cubique de $\frac{5}{7}$. Qu'il faille encore trouuer la racine cubique de $\frac{2}{5}$: Ie quarre le denominateur 5, & font 25, que ie multiplie par le numerateur 2, & viennent 50,dont ie prends la racine cubique,qui eſt preſque $3\frac{17}{25}$,que ie diuiſe par 5,& viennent $\frac{92}{125}$, pour la racine cubique de $\frac{2}{5}$.

Quant à la preuue & examen de l'extraction de la racine cubique, elle ſe doit faire tout ainſi que de la racine quarrée, n'y ayant aucune difference, ſinon qu'au lieu qu'en celle-là on quarre la racine, il la faut cuber en ceſte-cy.

Regle generale pour extraire toutes ſortes de racines.

CHAPITRE XXIII.

IL appert aſſez par ce que nous auons ia dit aux deux chap. precedens, qu'extraction de racine eſt l'inuention d'vn nombre,qui par quelque multiplication produiſe vn nombre propoſé : Et tout ainſi qu'on peut multiplier vn nombre en ſoy,& puis encore le produit par le meſme nombre;& puis derechef cet autre produit encore par le meſme nombre,& ainſi iuſques à l'infiny ; auſſi y a-il infinies ſortes de racines,leſquelles prennent leurs diuerſes appellations du nombre de fois qu'icelle racine eſt multipliée. Comme pour exemple,ce nombre 2 eſtant multiplié vne ſeule fois par ſoymefme, il produit ce qu'on appelle nombre quarré, comme nous auons dit au chap. 21. lequel produit & nombre quarré fera 4, dont 2 fera dit racine quarrée: mais iceluy produit 4 eſtât derechef multiplié, ou multipliant ladite racine 2, icelle changera d'appellation, & ſe nomme racine cubique de ce fecond produit 8, qui s'appellera nombre cube, comme nous auons dit au chap. precedent, & iceluy produit 8 multipliant encore ladite racine 2, ſon produit 16 fera nommé nombre quarré de quarré, ou cenſicenſique; & icelle racine 2 fera ditte racine quarrée de quarré d'iceluy nombre 16: mais ce produit multipliant derechef ladite racine 2, ſon produit 32 fera dit nombre furſolide, & iceluy 2 racine furſolide dudit nombre 32; & ainfi des autres, comme il appert en la prochaine tablette, au haut de laquelle font les noms ou denominatiõs des nombres contenus dans chacune collomne: ainfi la premiere collomne vers feneftre eft cottée *Racines*, à cauſe que dans icelle font contenus les neuf ſimples figures auec la dixiefme, chacune defquelles eft racine des nombres racionaux qui luy font vis à vis dans les autres collomnes: pareillement la feconde collomne contient les nombres quarrez defdites racines; la troifiefme, les nombres cubes; la quatriefme, les nombres quarrez de quarré; la cinquiefme, les nombres furſolides, &c.

Racines	Quarrez	Cubes	Quarrez de qua.	Surfolides	Quarrez de Cube	Secõds furfolides	Qu. de qu. de qu.
1	1	1	1	1	1	1	1
2	4	8	16	32	64	128	256
3	9	27	81	243	729	2187	6561
4	16	64	256	1024	4096	16384	65536
5	25	125	625	3125	15625	78125	390625
6	36	216	1296	7776	46656	279936	1679616
7	49	343	2401	16807	117649	823543	5764801
8	64	512	4096	32768	262144	2097152	16777216
9	81	729	6561	59049	531441	4782969	43046721
10	100	1000	10000	100000	1000000	10000000	100000000

Or nous auons enseigné aux deux chap. precedents des regles particulieres pour extraire les racines quarrées & cubiques, pource qu'elles viennent souuent en vsage : mais les autres n'y venant que rarement, nous-nous contenterons d'en dire quelque chose en general. Est donc premierement à notter qu'estant proposé à tirer la racine de quelconque nombre plus grand que tous ceux contenus en la collomne dénommée de la racine requise, il le faut distinguer en diuerses parties & sections par poincts ou petits traits, allant de dextre vers senestre, prenant autant de figures que la racine doit estre posée dé fois pour faire le produit dont elle est dénommée : ainsi pour tirer la racine quarrée, nous auons veu que le nombre proposé doit estre premierement distingué de deux en deux figures ; la cubique, de trois en trois figures : & pour extraire la quarrée de quarré, ledit nombre proposé doit estre distingué de quatre en quatre figures ; pour la sursolide, de 5 en 5 ; pour la quarrée de cube, de 6 en 6 ; & ainsi de suitte.

Ceste distinction estant faicte, il faut prendre la racine du nombre en la derniere tranche vers senestre, à l'ayde des nombres rationaux de mesme espece que le proposé, contenus en la table cy dessus, tout ainsi que nous auons faict aux deux chap. precedens, pour l'extraction des racines quarrées & cubes.

Mais pour continuër l'extraction le long des autres tranches & sections, il est besoin de la table suiuante, sur la composition de laquelle il n'est pas necessaire de nous arrester beaucoup, veu que chacun peut recognoistre par l'ordre, & nombre des figures contenuës en chasque collomne, que chacun nombre du milieu d'vne collomne qui en contient plusieurs, est tousiours procreé par l'addition des deux de la collomne precedente : ainsi voyons-nous qu'en la troisiesme collomne cottée *quarrés de quarré*, outre les deux nombres extrémes 4, 4, qui sont selon l'ordre & progression naturelle des nombres ; il y a 6, qui prouient de l'addition de 3, 3, contenus en la deuxiesme collomne : Pareillement en la quatriesme collomne, nous voyons au milieu des nombres extremes 5, 5, ces deux nombres 10, 10, qui prouiennent de l'addition de 4 & 6, de la collomne precedente, & puis apres de 6 & 4 ; & ainsi des autres collomnes.

Q iii

Quarré	Cube	Quarré de quarré	Surfolide	Quarré de cube	Second furfolide	Quarré de qu.de qu.	Cube de cube	Quarré de furfolide	
								10	000000000
							9	45	00000000
						8	36	120	0000000
					7	28	84	210	000000
				6	21	56	126	252	00000
			5	15	35	70	126	210	0000
		4	10	20	35	56	84	120	000
	3	6	10	15	21	28	36	45	00
2	3	4	5	6	7	8	9	10	0

Or ceſte diſpoſition de nombres en chaſque collomne ſeruira à l'extraction de la racine y cottée: tellement que 2 ſeruira à l'extraction de la quarrée; mais 3,3, à la cubique; 4,6,4, à la quarrée de quarrée; 5,10,10,5, à la ſurſolide, & ainſi par ordre iuſques à ſi auant qu'on voudra continuër ladite table. Mais pour ſe ſeruir de ces nombres, il y faut appoſer ou ſous-entendre des nulles, ſelon qu'on voit au coſté dextre de ladite table, c'eſt aſſauoir qu'au premier & plus bas nombre de chaſque collomne il faut appoſer 0, au ſecond 00, au troiſieſme 000, & ainſi en augmentant continuellement d'vn zero: tellement donc que ſi nous voulons extraire la racine quarrée, nous prendrons le nombre de la premiere collomne qui eſt 2, & y appoſerons 0, afin de faire 20; mais ſi nous voulons extraire la racine cubique, à ce nous ſeruirons les deux nombres 3,3, qui ſont en la deuxieſme collomne, appoſant à l'vn 0, & à l'autre 00, ainſi 30,300; & pour la racine quarrée de quarré, nous aurons 40,600,4000, &c. deſquels nombres on ſe ſeruira, comme nous monſtrerons aux exemples ſuiuans.

Extraction de la racine quarrée.

OR combiẽ que les manieres cy-deuãt enseignées pour extraire les racines quarrées & cubiques soient plus faciles à pratiquer que la suiuante, si est-ce toutesfois que nous auons estimé que
donnant des exemples de ceste methode generale en ces extractiõs
que nous sçauons desia pratiquer par leurs regles particulieres, les
autres extractions seront bien plus facilement entẽduës, que si nous
commencions par elles.

1. Qu'il faille donc extraire la racine quarrée de ce nombre 216225:
ayant distingué iceluy nombre de deux en deux figures, par petites
lignes en commençant à dextre, vient 21 à la derniere tranche vers
seneftre, dont il faut chercher la
racine quarrée, au moyen des
nombres quarrez contenuz en la
table des nombres ratiõnaux qui
est en la page 124, & trouuerons
que le plus grand quarré contenu
audit nombre 21 est 16, dont la racine est 4, qui està posée au quotient, & son quarré 16 olté desdits
21, resteront encore 5, qu'il faut
mettre au dessous de 16, & en suit-

I.| 21|62|25 [465
    16

II.| 5|62
        8 φ
       5 1 6

III.| 4 6|25
         φ 2 φ
        4 6 2 5

te d'iceluy 5, nous poserons le nombre 62 de la seconde tranche, tellement qu'il restera 562 pour icelle tranche, comme il appert icy.
2. Puis apres pour expedier la deuxiesme tranche 562, il faut trouuer vn diuiseur, & pour ce faire nous poserons à part la racine ia
trouuée 4, & au costé dextre d'i-
celle le nombre 20, qui est celuy
que nous auons dit estre propre
& peculier à l'extraction de la racine quarrée: puis nous multiplierons entr'eux ces deux nombres
20 & 4, le produit 80 sera le diuiseur de ladite seconde tranche,

20 — 4 — 80 diuiseur
            6 son quotient
          ────
          480
           36 son quarré
          ────
          516 le produit

qui doit estre posé tant à costé dextre de ladite racine 4, que souz le

nombre de ladite tranche 562, & aduiſant combien de fois iceluy
diuiſeur 80 peut bien eſtre contenu audit nombre 562, nous luy
prendrons ſeulement 6 fois, & poſerons 6, tant au quotient, que à
coſté dextre dudit diuiſeur 80, ou bien au deſſouz d'iceluy, comme
il appert cy deuāt, afin de les multiplier entr'eux; & à leur produit
480, nous adjouſterons le quarré d'iceluy 6, ſçauoir eſt 36, & viendront 516, leſquels ſoient leuez dudit nombre 562, & reſteront 46,
auſquels eſtans annexez le nombre de la troiſieſme tranche 25, nous
aurons 4625 pour le nombre d'icelle.

3. Et pour expedier icelle tranche, il faut derechef trouuer vn diuiſeur, & pour ce faire nous poſerons encore à part le nombre peculier 20, & au coſté dextre d'iceluy la racine ia trouuée 46, & ayant
multiplié ces deux nombres entr'eux 20, 46, leur produit 920 ſera le
diuiſeur cherché, lequel nous poſerons, tant au coſté dextre deſdits
deux nombres 20 & 46, que ſouz le nombre de noſtredite troiſieſme tranche 4625; & conſiderant
combien de fois iceluy diuiſeur
920 peut eſtre côtenu audit nombre 4625, nous luy trouuerons
eſtre 5 fois, & partant nous poſerons 5, tant au quotient, que au
coſté dextre des trois ſuſdits nõbres 20, 46, & 920, ou pluſtoſt ſous

$$20 — 46 — 920 — 5$$
$$5$$
$$\overline{4600}$$
$$25$$
$$\overline{4625}$$

iceluy diuiſeur 920, comme il appert icy, afin de les multiplier entr'eux; & à leur produit 4600, ſoit adionſté le quarré dudit dernier
nombre 5, c'eſt aſſauoir 25, & viendront 4625, que nous oſterons du
nombre de noſtredite tranche 4625, & ne reſtera plus rien. Parquoy
noſtre extraction eſt paracheuée, & la racine quarrée du nombre
propoſé 216225 ſera preciſément 465; car eſtant multipliée en ſoy,
elle produit iceluy nombre propoſé.

Que s'il y auoit encore quelque tranche à expedier, il faudroit
derechef poſer à part le ſuſdit nombre peculier 20, & puis apres la
racine ia trouuée: car autant qu'il y a de tranches à diuiſer, autant
de differentes poſitions faut-il faire des choſes ſuſdites.

Extraction,

Extraction de la racine cubique.

I.   ESTANT proposé à extraire la racine cubique de ce nombre 241820543, nous le distinguerons premierement de trois en trois figures, en commençant à dextre, puis nous chercherons la racine cubique de la derniere tranche 241, & trouuât que le plus grand nombre cube contenu en icelle est 216, nous poserons sa racine 6 au quotient, & leuerons iceluy nombre 216 dudit nombre 241 de nostredite tranche, & resteront 25, ausquels estâs annexez les 820 de la seconde tranche, nous aurons pour icelle

```
 I. | 241|820|543 [623
    | 216
II. | 25.820
    | 1ɸ98ɸ le diuiseur
    | 22328
III.| 3492543
    | 11888ɸɸɸ le diuiseur
    | 3476367
    ‾‾‾‾‾‾‾‾‾‾‾‾‾‾‾‾‾
    Reste 16176
```

tout le nombre 25820, comme il appert en ceste disposition de nombres.

II. Maintenant pour expedier ceste seconde tranche 25820, il nous faut trouuer vn diuiseur, & pour ce faire, nous irons prendre à la table des nombres propres & peculiers à chasque extraction, qui est à la page 126 les deux destinez pour l'extraction cubique, sçauoir est 300 & 30, que nous poserons l'vn au dessouz de l'autre, comme il appert icy, & à costé dextre de l'inferieur 30, nous poserons aussi la racine ia trouuée 6, & son quarré 36, au dessus d'icelle vis à vis de 300 : puis nous multiplierôs les deux nombres superieurs entr'eux, sçauoir est 300 & 36, comme aussi les deux inferieurs entr'eux, c'est à dire 30 & 6 ; & viendront pour le produit de ceux-là 10800, & pour celuy de ceux-cy 180 : lesquels deux produits ioincts ensemble font 10980 pour le diuiseur cherché : nous le poserons donc dessouz nostredite seconde

```
300 — 36 — 10800 — 2 — 21600
 30 —  6 —   180 — 4 —   720
diuiseur 10980    8 —      8
                        ‾‾‾‾‾‾
                         52328
```

tranche 25820, afin de voir combien de fois il y peut bien estre contenu, & nous luy trouuerons 2 fois, c'est pourquoy nous pose-

rons 2 au quotient,& auſſi vis à vis de nos trois nombres ſuperieurs
300, 36, 10800, comme il appert icy,& ſon quarré 4 au deſſouz, vis
à vis de 180,& encore plus bas ſon cube 8: puis nous multiplierons
chacun d'iceux nombres 2, 4, par celuy qui luy eſt collateral plus
proche,& viendront pour le produit des ſuperieurs 21600,& pour
celuy des inferieurs 720 , au deſſouz deſquels deux produits nous
poſerons encore le nombre cube de ladite racine priſe,qui eſt 8,afin
d'adiouſter le tout enſemble,& viendrõt 22328,qu'il nous faut ſouſtraire de noſtre-dite ſeconde tranche 25820, & reſteront 3492, à
quoy il faut annexer le nombre de la troiſieſme tranche 543 , & le
tout fera 3492543, comme il appert cy deſſus.

III. La ſeconde tranche eſtant donc ainſi expediée,il nous faut encore trouuer vn nouueau diuiſeur pour le nombre de la troiſieſme
tranche 3492543, & pour ce faire nous poſerons encore à part les
deux nombres peculiers à ceſte extraction,ſçauoir eſt 300 & 30,ain-
ſi qu'il appert icy, & à
coſté dextre d'iceux,
nous poſerons tant la
racine ia trouuée 62,
que ſon quarré 3844:
puis nous multiplierõs
lesdeuxſuperieurs 300,

$$300 - 3844 - 1153200 - 3 - 3459600$$
$$30 - 62 - 1860 - 9 - 16740$$
$$diuiſeur\ 1155060\ \ 27 - \underline{27}$$
$$3476367$$

3844 entr'eux, comme auſſi les deux inferieurs 30, 62 entr'eux , &
leurs produits 1153200,& 1860 eſtans adiouſtez enſemble,donnerõt
1155060 pour le diuiſeur de noſtredite troiſieſme tranche 3492543,
en laquelle nous le trouuerons eſtre contenu trois fois: Nous poſerons donc 3, tant au quotient que à coſté dextre de nos nombres
ſuperieurs,& ſouz iceluy 3,ſon quarré 9 , & encore plus bas ſouz ce
quarré,ſon cube 27. Cela fait,multipliõs chacũ d'iceux deux nombres 3 & 9 par ſon plus prochain nombre collateral, & viendront à
leurs produits ces deux nombres 3459600 & 16740, au deſſouz deſquels nous poſerons encore le nombre cube 27, afin d'adiouſter le
tout enſemble,& viendront 3476367, qu'il faut leuer de noſtredite
troiſieſme tranche 3492543, & reſteront finalement 16176. Nous
auons donc trouué 623 pour la racine cubique du nombre propoſé : car iceluy nombre 623 eſtant multiplié cubement, produit le
nombre 241804367, auquel ſi on adiouſte ce qui eſt reſté 16176, ſe-

ra faict precifément le nombre propofé 241820543.

Extraction de la racine furfolide.

I. ESTANT propofé à extraire la racine furfolide de ce nombre 102434508945724, il le faut premierement diftinguer de cinq en cinq figures, commençant à dextre; quoy faict, reftent 10243 en la derniere tranche à feneftre, dôt la racine furfolide eft 6, car le plus grand nôbre furfolide contenu en icelle tranche eft 7776, duquel 6 eft la racine, comme il appert en la table des nombres rationnaux mife au commencement de ce chap. Ie

```
I.|  10243|45089|45724 [63
       7776
II.|   2467.45089
       ⁶⁶⁹⁹⁶³⁰⁰
       2148 36543
III.|  31908546.45724
       ⁷⁹⁰¹⁸²⁴⁹²¹⁸⁰
       31908545 43424
           Refte   102300
```

pofe donc la racine 6 au quotient, & leue fon furfolide 7776 du nombre 10243 de ladite tranche, & refte le nombre 2467, apres lequel ie pofe le nombre de la feconde tranche 45089, afin que nous ayons pour tout le nombre correfpondant à icelle 246745089.

II. Maintenant pour expedier cefte feconde tranche, il faut trouuer vn diuifeur, & pour ce faire, nous irons prendre à la table

```
50000 ‾1296 ‾64800000 ‾  3 ‾ 194400000
10000 ‾ 216 ‾ 2160000 ‾  9 ‾  19440000
 1000 ‾  36 ‾   36000 ‾ 27 ‾    972000
   50 ‾   6 ‾     300 ‾ 81 ‾     24300
 diuifeur 66996300    243 ‾        243
                                214836543
```

des nombres peculiers à chafque extractiõ les quatre deftinez pour l'extraction furfolide, qui font 50000, 10000, 1000, & 50, lefquels nombres nous poferons l'vn au deffouz de l'autre en la forme qu'ils

font icy: puis au cofté dextre du plus bas 50, nous poferons la racine ia trouuée 6, & au deffus d'icelle fon quarré 36, & fur cefluy-cy
fon cube 216, mais encore plus haut, vis à vis de 50000, fon quarré de
quarré 1296. Cela faict, foient multipliez entr'eux ces deux nombres fuperieurs 50000, & 1296, comme auffi tous les inferieurs toufiours de deux, fçauoir 10000 & 216; 1000 & 36; & 50, 6: & lefdites
multiplications faictes, foiët adiouftées enfemble leurs quatre produits, & viendront 66996300, qui fera le diuifeur de noftredite feconde tranche 246745089, en laquelle nous le trouuerons eftre
contenu trois fois: Nous poferons donc 3, tant au quotient qu'à
cofté dextre de noftre troifiefme nombre fuperieur; & puis fouz ledit 3, fon quarré 9, & fouz cefluy-cy fon cube 27, & puis encore
plus bas fon quarré de quarré 81, & finablement fouz cefluy-cy fon
nombre furfolide 243: Ces cinq nombres eftans ainfi pofez, foient
multipliez chacun des quatre fuperieurs d'iceux, c'eft à dire 3, 9, 27,
& 81, par fon prochain nombre collateral, & viendront à leurs
produits ces quatre nombres 194400000, 19440000, 972000, &
24300, tous lefquels, auec encore le furfolide 243, nous adioufterõs
enfemble, & viendront 214836543, qu'il faut leuer du nombre de
noftredite feconde tranche 246745089, & refteront 31908546, à
quoy il faut ioindre & annexer le nombre de la troifiefme tranche
45724, & nous aurons pour toute icelle tranche le nombre
3190854645724.

III. Et pour expedier icelle tranche, il nous faut encore trouuer vn
nouueau diuifeur, & pour ce faire, nous poferons derechef à part
les quatre nombres peculiers à cefte extraction furfolide, & en la
forme qu'ils font icy: puis au cofté dextre du plus bas 50, nous po-

50000—	15752961—	787648050000—	4—	3150592200000
10000—	250047—	2500470000—	16—	40007520000
1000—	3969—	3969000—	64—	254016000
50—	63—	3150—	256—	806400
	diuifeur 790152492150		1024—	1024
				3190854543424

ferons la racine ia trouuée 63, & au deffus d'icelle fon quarré 3969,

& fur ceſtuy-cy ſon cube 250047,& puis encore plus haut ſon quarré de quarré 15752961. Cela faiĉt, chacun de ces quatre nombres
ſoit multiplié par ſon peculier collateral,& mis leurs produits à coſté d'eux ; leſquels ſoient adjouſtez enſemble , & viendront
7901524.92150 pour le diuiſeur cherché: Nous le poſerons donc
deſſouz le nombre de noſtre tranche 3190854645724 ; puis conſiderant combien de fois il y peut eſtre contenu, nous luy trouuerons quatre fois ; c'eſt pourquoy nous poſerons 4, tant au quotiēt,
qu'à coſté dextre de noſtre dernier produit ſuperieur, & au deſſouz
d'iceluy 4, ſon quarré 16, & ſouz ceſtuy-cy ſon cube 64,ſouz lequel
ſoit encore poſé ſon quarré de quarré 256 , & puis encore ſouz ce-
tuy-cy ſon ſurſolide 1024.Ces cinq nombres ainſi poſez,chacū des
quatre premiers & ſuperieurs d'iceux,c'eſt à dire 4,16,64,& 256,ſoit
multiplié par ſon prochain nombre collateral, & leurs quatre produits auec le nombre ſurſolide 1024 ſoient adiouſtez enſemble, &
viendront 3190854543424, qu'il faut ſouſtraire de noſtredite troiſieſme tranche 3190854645724, & reſteront encore 102300. Nous
auons donc trouué 634 pour la racine ſurſolide demandée, c'eſt à
dire que ſi on multiplie iceluy nombre en ſoy ſurſolidément, & au
produit 1024345088343424, on adjouſte le reſte 102300, viendra le
nombre propoſé 1024345089345724.

Or i'eſtime que ces ttois exemples peuuent ſuffire pour l'intelligence de quelcōque autre extraĉtion,c'eſt pourquoy nous ne nous
arreſterons à en bailler dauantage d'exemples. Et eſt à notter pour
la fin de ce chap. que de l'extraĉtion cubique nous ſommes venus à
la ſurſolide, paſſant la quarrée de quarrée ; pource qu'en icelle on
doit proceder par deux extraĉtions quarrées, c'eſt à dire qu'ayant
pris la racine quarrée du nombre propoſé, ii faut encore derechef
prendre la racine quarrée de celle ia trouuée. Le meſme ſe doit
entendre de toute autre ſorte de racine de nombres compoſez,
comme quarrée cubique ; quarrée de quarrée de quarrée ; cubique
de cubique, quarrée ſurſolide,&c. Car il eſt beaucoup plus aiſé
d'extraire telles racines par deux ou dauātage d'operations,que par
vne ſeule, que toutesfois on pourra faire,comme dit eſt cy deſſus.

De la progreßion Arithmetique.

CHAPITRE XXIIII.

PROGRESSION Arithmetique eſt vn ordre de pluſieurs nombres, ſe ſurmontant l'vn l'aurte continuellement par égale difference, comme ſont les ſuiuans.

1, 2, 3, 4, 5, 6, 7, 8, 9, 10, 11, 12, 13, 14, 15, 16, &c.
1, 3, 5, 7, 9, 11, 13,15, 17,19, 21, 23, 25, 27, 29, 31, &c.
2, 4, 6, 8, 10,12, 14,16,18, 20, 22, 24, 26, 28, 30, 32, &c.

La premiere de ces trois progreſſions, laquelle commence à l'v-
nité, & s'augmente par la continuelle addition d'icelle vnité, eſt
appellée progreſſion naturelle des nombres: La ſeconde, qui commence auſſi à l'vnité, & s'augmente continuellement par l'addition
de 2, s'appelle progreſſion des nombres impairs: & la troiſieſme,
qui commence à deux, premier nombre pair, & en laquelle tous les
nombres s'excedent continuellemēt de deux, s'appelle progreſſion
des nombres pairs. Et en toute progreſſion cet excez d'vn nombre
par deſſus ſon prochain moindre eſt appellé nombre progreſſif.

Or afin de ne nous arreſter beaucoup ſur ces progreſſions Arith-
metiques, nous remarquerons ſeulement ſes principales proprie-
tez, & puis quelques regles briefües concernant la ſupputation d'i-
celles progreſſions. La progreſſion de trois termes ou nombres a
cela de propre, que la ſomme des deux nombres extremes eſt égale
au double de celuy du milieu: comme en ces trois nombres 5, 8, &
11, où la ſomme des extremes 5 & 11 faict 16, double de 8, nombre du
milieu. Mais le propre de la progreſſion de quatre nombres, eſt que
l'aggregé des termes extremes eſt égal à celuy des nombres du milieu; comme 8,12,16,& 20, où tu vois que la ſomme des extremes
8 & 20 faict 28, comme faict auſſi l'aggregé des nombres du milieu
12 & 16. Et cecy n'eſt pas ſeulement vray en quatre nombres, ſe ſur-
mōtant continuellement par vn meſme nombre tels que ſont ceux
cy-deſſus; mais encore en ceux-là qui ne s'excedent continuellement, ains eſquels la difference du premier au ſecond eſt égale à la

difference du troifiefme au quatriefme, comme font ceux-cy, 8, 12, 20 & 24.

De cefte proprieté, on collige qu'en toute progreffion Arithmetique ayant fes termes en nombre impair, l'aggregé des extremes eft toufiours double du terme du milieu; & auffi égale à la fomme de deux quelfconques termes égalemens diftans d'iceux extrémes: comme tu vois en cefte progreffion des fept termes, 5, 8, 11, 14, 17, 20, 23; en laquelle la fomme des extrémes 5 & 23, faict 28, double du terme 14; & eft égale à l'aggregé des collateraux equidiftãs, comme 8 & 20, ou 11 & 17.

Il s'enfuit encore qu'en toute progreffion Arith. de laquelle le nombre des termes eft pair, l'aggregé des extremes eft égal à la fomme de deux quelfconques nombres également diftans d'iceux extremes: Ce qui eft manifefte en cefte progreffion de huict termes 4, 8, 12, 16, 20, 24, 28, 32, où l'aggregé des extremes 4, & 32 font 36, comme faict auffi la fomme des égalemens diftans 8 & 28, ou 12 & 24, ou 16 & 20. Voyons maintenant quelques regles concernans icelles progreffions.

1. Pour adioufter promptement les termes de toute progreffion Arithmetique, il n'y a qu'à adioufter enfemble les deux extremes, c'eft à dire le moindre & le plus grand terme; & multiplier ce qui en prouiendra par la moictié des nombres defdits termes, ou bien tout iceluy nombre des termes par la moictié d'icelle fomme des extremes, & ce qui en prouiendra fera la fomme de tous les nombres de la progreffion: Comme pour adioufter tous les 12 termes de cefte progreffion.

5, 9, 13, 17, 21, 25, 29, 33, 37, 41, 45, 49.

I'adioufte les extremes 5 & 49, font 54, que ie multiplie par 6, moictié du nombre des termes, & viennent 324 pour la fomme de tous lefdits 12 termes. Qu'il faille encore adioufter les 9 termes de cefte autre progreffion.

4, 10, 16, 22, 28, 34, 40, 46, 52.

I'adioufte les extremes 4 & 52, qui font 56, dont la moictié eft

28, que ie multiplie par 9, nombre des termes, & viennent 252 pour la somme & addition desdits termes.

2. Pour trouuer le nombre des termes d'vne progreſſion, eſtant donné le premier & le dernier auec la difference & nombre pro-greſſif,il faut oſter le premier terme du dernier,puis diuiſer le reſte par le nombre progreſſif; & adiouſtant l'vnité au quotient, on aura le nombre des termes. Comme pour exemple, ſi d'vne progreſſion Arithmetique le premier terme eſt 5,le dernier 49,& le nōbre pro-greſſif 4 ; oſtōs le premier terme 5 du dernier 49,& reſterōt 44,qui diuiſez par la difference 4,viennent 11 au quotient, auquel adiou-ſtons l'vnité, & nous aurōs 12 pour le nombre des termes cherchez. Soit derechef vne progreſſion,dont le premier terme eſt 4, le der-nier 52,& la difference 6 : pour trouuer le nombre des termes d'i-celle, ſoit oſté 4 de 52,& reſteront 48,leſquels ſoient diuiſez par la difference 6, & viendront 8 au quotient, qui auec l'vnité faict 9 ; & autant y a de termes en ladite progreſſion.

3. Pour trouuer le dernier terme d'vne progreſſion eſtans cogneuz le premier,le nombre d'iceux, & la difference ou nombre progreſ-ſif; il faut premierement leuer 1 du nombre des termes, & multi-plier ce qui reſtera par la difference ; puis au produit adiouſter le premier terme,& viendra le dernier terme cherché. Pour exemple, ſi le premier terme de quelque progreſſion eſt 5, & le nombre des termes d'icelle 12,mais la difference 4 : pour cognoiſtre le 12e ter-me, nous oſterons l'vnité du nombre des termes 12, & reſteront 11, que nous multiplierons par la difference 4,& viendront au produit 44,à quoy eſtant adiouſté le premier terme 5,feront 49 pour le 12e & dernier terme de la progreſſion propoſée. Qu'il faille dere-chef trouuer le dernier & neufieſme terme d'vne progreſſion,dont le premier ſoit 4,& la difference 6.Oſtons l'vnité de 9, & reſteront 8, qui multipliez par la difference 6, feront 48, auſquels ſoit adiou-ſté le premier terme 4, & feront 52 pour le dernier & neufieſme terme d'icelle progreſſion propoſée.

4. Pour trouuer le premier terme d'vne progreſſion Arithmeti-que eſtant cogneu le dernier,le nombre d'iceux, & leur ſomme ; il faut premierement diuiſer ladite ſomme des termes par le nom-bre d'iceux, & puis doubler le quotient, & de ce double oſter le dernier terme,& reſtera le premier. Pour exemple, qu'il faille trouuer

uer le premier terme d'vne progreſſion de 12 termes, deſquels le dernier ſoit 49, & la ſomme d'iceux 324. Nous diuiſerons donc 324 par le nombre des termes 12, & viendront 27, dont le double eſt 54, deſquels nous oſterons le dernier 49, & reſteront 5 pour le premier terme d'icelle progreſſion. Qu'il faille encore trouuer le premier terme d'vne progreſſion de 9 termes, le dernier deſquels ſoit 52, & leur ſomme totale 252 : Nous diuiſerons iceluy nombre 252 par 9, & le quotient ſera 28 que nous doublerons, & feront 56, deſquels ſoit oſté le dernier terme 52, & reſteront 4 pour le premier cherché.

V. On trouuera encore le premier terme, moyennant le dernier, leur nombre, & la difference : c'eſt aſſauoir, ſi ayant oſté l'vnité du nombre des termes, on multiplie le reſte par la difference, & le produit qui en viendra eſtant oſté du dernier terme, reſtera le premier. Pour exemple, qu'il faille derechef trouuer le premier terme d'vne progreſſion de 12 termes, deſquels le dernier ſoit 49, & la difference 4 : Nous oſterons donc l'vnité de 12, & reſteront 11, que nous multiplierons par la difference 4, & viendront 44, que nous oſterons du dernier terme 49, & reſteront 5 pour le premier cherché.

VI. Pour trouuer la difference ou nombre progreſſif d'vne progreſſion Arithmetique, de laquelle le premier & dernier terme ſont cogneuz auec le nombre d'iceux; il faut oſter le premier terme du dernier, puis du nombre des termes leuer l'vnité, & puis par ceſte-cy diuiſer celuy-là, & le quotient donnera la difference d'icelle progreſſion. Pour exemple, qu'il faille trouuer le nombre progreſſif d'vne progreſſion, de laquelle le premier terme eſt 5, le dernier & douzieſme 49 : Nous oſterons donc le premier terme 5 du dernier 49, & reſteröt 44, que nous diuiſerons par le nöbre des termes moins l'vnité, ſçauoir 11, & viendront au quotient 4 pour la difference cherchée. Qu'il faille encore trouuer le nombre progreſſif d'vne autre progreſſion, de laquelle le premier terme eſt 4, & le dernier & neufieſme 52 : Nous oſterons 4 de 52, & reſteront 48, que nous diuiſerons par 8, & viendront au quotient 6 pour le nombre progreſſif cherché.

Or voilà quant aux regles de la progreſſion Arithmetique; & pour monſtrer quelque choſe de l'vſage & pratique d'icelle, nous

S

adjoufterons icy quelques queftions qui fe refoudront par le moyẽ des regles cy deffus.

1. *Quelqu'vn faifant faire vn puids, conuient auec le maçon qui l'entre-prend de luy payer 25 fols de la premiere toife, 40 f. de la deuxiefme, 55 de la troifiefme, & ainfi toufiours augmentant de 15 f. iufques à 12 toifes: on demande combien couftera à faire ledit puids?*

Pour fouldre telles queftions fans chercher tous les termes de la progrefsion, nous trouuerons premierement le dernier terme par la troifiefme regle, fçauoir en multipliant 11 par la difference 15, & viendront 165, à quoy nous adioufterons 25, & feront 190, pour ce que couftera la derniere toife; & puis fuiuant la premiere regle, nous adioufterons ces deux nombres 25 & 190, qui feront 215, que nous multiplierons par 6, & viendront 1290 f. ou 64 liures 10 f. pour tout ce que couftera ledit puids.

2. *Il y a vn bataillon en forme triangulaire, ayant 4 hommes au premier & moindre rang, mais 130 au dernier & plus grand rang, qui fait le 64.e: on demande la difference des rangs, & le nombre de tous les hommes de ce bataillon?*

Pour fouldre toutes femblables queftions, nous adioufterons premierement le premier rang 4 auec le dernier 130, & viendront 134, que nous multiplierons par 32 fuiuant la premiere regle, & le produit fera 4288, & autant y aura de foldats en tout le bataillon; & pour fçauoir la difference des rangs, nous procederons fuiuant la 6e regle; c'eft à dire que nous ofterons 4 de 130, & refteront 126, que nous diuiferons par 63, & le quotient 2 monftrera que les rangs s'augmentent continuellement de deux hommes.

3. *Vn marchand ioüallier vend certain nombre de perles, defquelles il vend la premiere 4 deniers, la feconde 10, & ainfi en continuant par augmenta-tion de 6 deniers iufques à la derniere, qu'il vend 478 deniers: affauoir com-bien il a de perles, & combien il doit receuoir de tout?*

Premierement fuiuant la 2e regle, nous ofterons 4 de 478, & re-fteront 474, que nous diuiferons par 6, & le quotient fera 79, qui auec l'vnité fait 80; & tel eftoit le nombre des perles vendues: & pour fçauoir leur valeur, nous procederons felon la premiere re-

gle; c'eſt à dire que nous adiouſterons 4 & 478, qui feront 482, que
nous multiplierons par 40, & le produit donnera 19280 deniers, ou
80 liures 6 fols 8 d. pour la valeur de toutes les 80 perles venduës.

4. *Il y a vn bataillon en forme triangulaire, contenant* 4288 *hommes, &*
ayant 130 *foldats au* 64e *& dernier rang: on demande combien il y a d'hom-*
mes au premier rang, & la difference des rangs?

Procedant felon la quatriefme regle, nous trouuerons qu'il y
auoit 4 hommes au premier & moindre rang: car diuifant 4288 par
64, viennent 67, qui doublez donnent 134, defquels eftant leué 130,
reftent 4. Maintenant fuiuant la fixiefme regle, nous ofterons 4 de
130, & refteront 126, que nous diuiferons par 63, nombre des rangs
diminué del'vnité, & le quotient 2 nous monftrera que l'augmen-
tation de chafque rang fe faiƈt feulement de deux hommes.

De la progreſſion Geometrique.

CHAP. XXV.

LA progreſſion Geometrique eſt vne ſuitte & ordre de pluſieurs nombres, s'excedans continuellement en vne mefme
raiſon, comme font les fuiuans.

   1, 2, 4, 8, 16, 32, 64, 128, 256, 512, 1024, 2048, 4096, &c.
   1, 3, 9, 27, 81, 243, 729, 2187, 6561, 19683, 59049, , &c.
   3, 6, 12, 24, 48, 96, 192, 384, 768, 1536, 3072, &c.

Le premier de ces trois ordres de nombres eſt nommé progreſ-
fion double, parce que chafque plus grand nombre eſt double de
fon plus proche moindre: Le fecond, fe progredit par raifon triple, c'eſt à dire que chafque grand nombre eſt triple de celuy-là qui
le precede prochainement; & chafcune de ces deux progreſſions
commence à l'vnité: mais la troifiefme qui commence à 3, fe pro-
grediſt encore par raifon double.

Or chafcune de ces progreſſions peut eftre continuée tant qu'on
voudra, multipliant continuellement le dernier terme par le nombre qui denotte la raifon de la progreſſion, lequel s'appelle nombre
progreſſif, ou denominateur de la raifon: ainfi multipliāt toufiours
par 2 le dernier terme de la premiere & troifiefme defdites pro-

greffions cy-deffus , fera produit le terme fuiuant ; & multipliant
continuellement par 3 le dernier terme de la feconde progreffion,
viendra toufiours le terme fuiuant, & ainfi de toutes autres femblables progreffions. Mais qui voudroit progredir en retrocedant,
au lieu de multiplier, il faudroit diuifer le dernier & moindre terme
par le denominateur de la raifon; ainfi voulant continuer cefte progreffion 512, 256, 128, en allant vers l'vnité, il faudroit diuifer le dernier & moindre nombre 128, par 2, denominateur de la raifon, &
viendroit 64 pour le terme fuiuant, &c. Or iceluy denominateur
de la raifon de quelconque progreffion eft le quotient de quelque
nombre que ce foit de la progreffion diuifé par fon nombre
prochain moindre.

La progreffion Geometrique de tous nombres, a cela de propre,
que le produit des deux extremes eft égal au nombre produit de
celuy du milieu multiplié en foy ; comme de ces trois nombres 4,
8, 16 ; le produit des extremes 4, & 16 multipliez entr'eux eft 64, lequel nombre vient auffi multipliant le milieu 8 en foy. Mais le propre de la progreffion de quatre nombres, c'eft que le produit des
extrémes eft égal au produit des moyens ; comme de ces quatre
nombres 2, 6, 18, 54, qui font en raifon triple, le produit des deux
extrémes 2 & 54, eft 108, lequel nombre eft auffi produit multipliãt
les deux moyens 6 & 18. Or cecy n'eft pas feulement vray en quatre
nombres continuellement proportionnaux, tels que font les quatre cy deffus, mais encore en ceux qui ne font continuellement proportionnaux, tels que font ces quatres cy, 6, 9, 10, 15, où tu vois que
le produit, tant des extrémes, que des moyens, eft 90.

De cefte proprieté, on collige qu'en toute progreffion Geometrique, dont le nombre des termes eft impair, le produit des nombres extremes eft égal au produit, tant de celuy du milieu en foy,
qu'à celuy des deux quelsconques autres termes également diftans :
comme il appert en cefte progrefsion 3, 6, 12, 24, 48, les deux nombres extremes de laquelle eftãs multipliez entr'eux produifent 144,
lequel nombre eft aufsi produit, tant par le nombre du milieu 12 en
foy, que par les deux collateraux equidiftans 6 & 24. Dauantage,
en toutes progrefsions Geometriques, dont le nombre des termes
eft pair, le produit des extremes eft toufiours égal à celuy des deux
également diftans quels qu'ils foient, comme tu peux voir en cefte

autre progreſsion 2, 4, 8, 16, 32, 64, où le produit des extremes eſt 128, lequel nombre eſt encore produit par la multiplication de 4 & 32, & puis auſsi de 8 & 16, qui ſont également eſloignés deſdits extremes. Voyons maintenant quelques regles concernant ces progreſsions Geometriques.

I. Pour trouuer la ſomme de tous les termes de quelconque progreſsion Geometrique, eſtant cogneu le moindre & le plus grand d'iceux termes, auec le denominateur de ſa raiſon: Il faut oſter le moindre terme du plus grand, puis diuiſer le reſte par vn nombre moindre de l'vnité que le denominateur de la raiſon, & le quotient eſtant adiouſté auec le plus grand terme, ſera donnée la ſomme de tous les termes, comme il appert en ceſte progreſsion.

3, 12, 48, 192, 768, 3072, 12288, 49152.

Car tu vois qu'oſtant le premier terme 3 du plus grand 49152, reſteront 49149; & pource que le denominateur de la raiſon d'icelle progreſsion eſt 4, nous diuiſerōs iceluy reſte par 3, & viendrōt 16383, qui adiouſtez auec le dernier terme 49152, font 65535 pour la ſomme de tous les termes de la ſuſdite progreſsion.

II. Pour trouuer quelconque terme d'vne progreſsion Geometrique, dont le premier eſt donné auec le denominateur de la raiſon d'icelle: Lors qu'il eſt beſoin d'auoir tous les termes de la progreſsion, il les faut trouuer les vns apres les autres par multiplication, mais n'eſtant ſouuent beſoin que de trouuer le dernier, qui ſeroit choſe longue & ennuyeuſe en trouuant tous les termes qui le precedent, nous trouuerons ſeulement les quatre ou cinq premier deſdits termes, & poſerons o au deſſus du premier; 1 au deſſus du ſecond; 2 au deſſus du troiſieſme, & ainſi en continuant ſelon la progreſsion naturelle des nombres: puis apres voulāt trouuer le nombre de quelconque terme plus haut, il faut multiplier entr'eux deux termes, dont les nombres ſuperieurs de la progreſsion naturelle, adiouſtez enſemble, faſſent le nombre quantieſme d'iceluy terme requis moins vn, & le produit eſtant diuiſé par le premier terme, donnera au quotient iceluy terme cherché, comme il appert en ceſte progreſsion.

0	1	2	3	4	5	6	7	8	9	10	11	12
3,	6,	12,	24,	48,	96,	192,	384,	768,	1536,	3072,	6144,	12288,

Car tu vois que le neufieſme terme 768, au deſſus duquel eſt 8, fera trouué multipliant les deux termes 24 & 96, au deſſus deſquels ſont 3 & 5, qui font ledit nombre 8, & puis diuiſant le produit 2304 par le premier terme 3: Ainſi pareillement ſera-il trouué multipliant en ſoy le 5ᵉ terme 48, au deſſus duquel eſt 4, pource que 4 & 4 font auſſi 8 ; ou bien encore multipliant les trois & ſeptieſme termes entr'eux 12 & 129, au deſſus deſquels ſont 2 & 6, qui font derechef 8. Mais pour auoir le vingtieſme terme, nous multiplierons 12288 & 384 entr'eux, (ou bien 768 & 6144 ; ou 1536 & 3072,) à cauſe que les nõbres ſuperieurs à ces deux termes font 19, qui eſt 1 moins que le nombre propoſé 20 ; & viendront 4718592, qui diuiſez par le premier terme 3, le quotient donnera 1572864 pour le vingtieſme terme de la ſuſdite progreſſion.

Or nous pourrions rapporter icy pluſieurs queſtions ſur ces progreſſions Geometriques, mais nous nous contenterons à preſent de ceſte-cy.

Vn Gentil-homme acheptant vn cheual ferré des quatre pieds auec 24 cloux, demeure d'accord de bailler 1 denier du premier clou, 2 deniers du ſecond, 4 du troiſieſme, & ainſi en continuant par raiſon double iuſques au dernier cloud: On demande combien ce cheual ſera vendu ſuiuant ceſte condition ?

Il eſt manifeſte que cecy n'eſt autre choſe que chercher la ſomme de tous les 24 termes d'vne progreſſion double commençant à l'vnité, c'eſt pourquoy nous chercherons premierement le 24ᵉ & dernier terme ſuiuant la regle precedente ; & pour ce faire, nous trouuerons, en premier lieu, que le ſeptieſme terme ſera 64, qui multiplié en ſoy donnera 4096, pour le treizieſme terme, & celuy-cy derechef multiplié en ſoy, donnera 16777216 pour le 25ᵉ terme, duquel ayant oſté l'vnité, reſteront 16777215 pour la ſomme de tous les termes, à cauſe qu'en toute progreſſion double commençant à l'vnité, le double du dernier terme d'icelle moins l'vnité, donne la ſomme de tous ſeſdits termes. Parquoy ſelon la condition ſuſdite, le cheual ſera vendu 69905 liures 1 ſ. 3 d.

Nous dirõs encore quelque choſe de ces progreſſions au deuxieſme chap. de noſtre Algebre, c'eſt pourquoy finiſſant ce chap. nous finirons auſſi ce traicté de l'Arithmetique vulgaire, pour donner commencement à celuy de l'Algebre.

F I N.

www.ingramcontent.com/pod-product-compliance
Lightning Source LLC
Chambersburg PA
CBHW062004200326
41519CB00017B/4667